Michael Götze

DAS ROBOT IMPERIUM

VOLT-HEAD

EDITION comicArt
IM CARLSEN VERLAG

EDITION COMIC ART im Carlsen Verlag
Lektorat: Andreas C. Knigge
1. Auflage Juni 1990
ORIGINALAUSGABE

Druck und buchbinderische Verarbeitung:
Elsnerdruck, Berlin

ISBN 3-551-71322-7
Printed in Germany

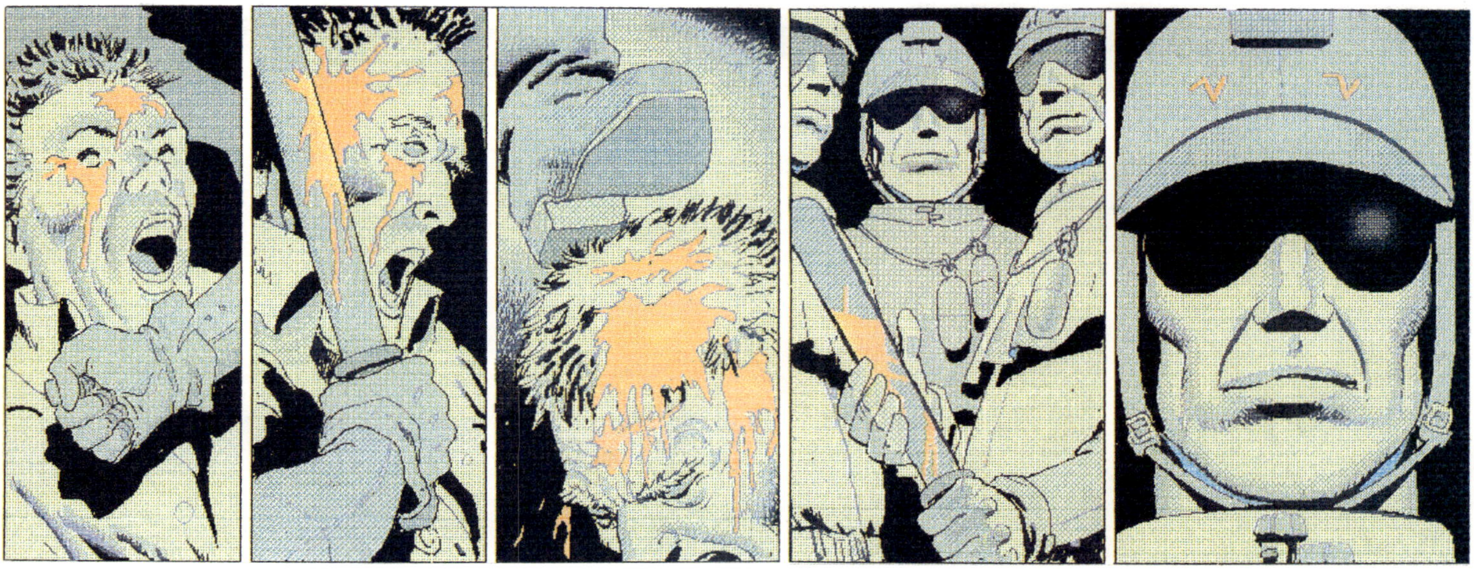

KIM KIM NORRADS TAGEBUCH.
U.B.O.*, 27.7. 2412

BRONNERSEN IST TOT ! ICH HÄTTE NIE GEGLAUBT, DASS SIE SO WEIT GEHEN WÜRDEN. SIE HABEN IHN UMGELEGT, WEIL ER DAS MAUL ZU WEIT AUFGERISSEN HAT. ER WAR LEITENDER REDAKTEUR DER "DIGITAL DAILY NEWS" UND HATTE IN DIESER ANGELEGENHEIT WIRKLICH KEIN BLATT VOR DEN MUND GENOMMEN. **JA, ES IST WAHR**: UNSERE SICHERHEITSKRÄFTE SIND ZU EINER KORRUPTEN TERRORVER-EINIGUNG DEGENERIERT. SIE TRAGEN DAS **VICTORY-ZEICHEN** AN IHREN HELMEN UND MORDEN UND PLÜNDERN IM NAMEN DES GESETZES. ICH HABE HEUTE DEN ENTSCHLUSS GEFASST, BRONNERSENS ARBEIT FORTZUFÜHREN. ICH WERDE ABER EL-SA DAVON NOCH NICHTS SAGEN.
OH, GOTT ! ES SIND PERVERSE SCHWEINE. SIE HABEN IHM EINE EISENSTANGE DURCH DEN MUND GEBOHRT. ICH WER-DE MEINEN BERICHT IN DER MORGIGEN AUSGABE DES "ELEC-TRONICAL OBSERVER" PROVOZIEREND SCHREIBEN UND MIT ANSPIELUNGEN AUF DIE **UNDERGROUND-POLICE** NICHT SPA-REN.

KIM KIM NORRADS TAGEBUCH.
U.B.O.,29.7. 2412

MEIN GESTRIGER BERICHT HAT VOLL GETROFFEN. ES HAT WÜTENDE PROTESTE VON GULBRANSSEN, DEM OBERSTEN PO-LIZEIBOSS, GEGEBEN. MEIN CHEF HAT MIR RÜCKENDECKUNG GEGEBEN, MICH ABER GLEICHZEITIG ERMAHNT, VORSICHTIG ZU SEIN UND IN ZUKUNFT ZURÜCKHALTENDER ZU SCHREIBEN. ER HAT **ANGST**. ICH WERDE HEUT ABEND NICHT ZUM BODY-STY-LING GEHEN. ICH MUSS MICH UM ELSA KÜMMERN. SIE HAT WIEDER IHRE KRISE UND WILL RAUS AUS DER STADT. SIE SEHNT SICH SO NACH DEN WÄLDERN, FLÜSSEN UND SEEN, WO SIE IHRE KINDHEIT VERBRACHT HAT. ABER WER EINMAL ZUFLUCHT IN DIESER STADT GEFUNDEN HAT, KOMMT NUR NOCH ALS LEBENDE BOMBE WIEDER ZURÜCK AN DIE ERDOBER-FLÄCHE, DIE **6000** METER ÜBER UNS LIEGT. KEIN **ROBOT** DARF JE DIE EXISTENZ DIESER STADT IN ERFAHRUNG BRIN-GEN. DER KÜNSTLICHE PARK IM WESTTEIL DIESER STADT IST KEIN ERSATZ FÜR DIE ÜBERQUELLENDE, UNGEHEUER SCHÖNE NATUR DIESES PLANETEN. WER SIE EINMAL GESEHEN HAT, BEGREIFT DIE TRAGÖDIE DIESES UNTERIRDISCHEN DASEINS.

KIM KIM NORRADS TAGEBUCH.
U.B.O. 6.8. 2412

ZWEIEINHALB MILLIONEN MENSCHEN MACHEN EINE MENGE **DRECK** ! HEUTE MORGEN SIND DIE ABWASSERKANÄLE ÜBER-GELAUFEN. EIN PAAR MIT DROGEN VOLLGEPUMPTE IDIOTEN HABEN BEI DER CHEMISCHEN MÜLLENTSORGUNG IN DER NACHT DUTZENDE VON MÜLLSÄCKEN GEKLAUT UND IN EINEN ABWASSERKANAL GESTOPFT. DIE UNTERE EBENE IST MIT KLOAKE ÜBERSCHWEMMT. ES STINKT BESTIALISCH.
ELSA MACHT MIR SORGEN. ICH WERDE SIE MORGEN ZUR **HOLOGRAMM-THERAPIE** BRINGEN. DAS IST ZWAR EXTREM TEU-ER, ABER DIE WIRKUNG AUF DIE PATIENTEN IST ENORM. DIE MENSCHEN BEWEGEN SICH IN EINER SCHEINWELT, DIE DER ERD-OBERFLÄCHE PERFEKT DREIDIMENSIONAL NACHGEBILDET WURDE. MAN RIECHT DEN DUFT DER BLUMEN UND HÖRT DAS GE-TÖSE DER MEERESBRANDUNG.

KIM KIM NORRADS TAGEBUCH.
U.B.O., 9.8. 2412

DIE MITARBEITER DER **GAMBLE FOOD COMPANY** SIND WIRK-LICH WAHNSINNSTYPEN. SIE HABEN AUS DEM 700 MEILEN ENTFERNTEN **WARSCHAU** RIESIGE SCHNAPSKONTINGENTE HER-BEIGESCHAFFT, OHNE EINEN EINZIGEN MANN ZU VERLIEREN. ICH HABE MIR GLEICH EINE GANZE KISTE VON DIESEM ZEUGS BESORGT UND SITZE IN MEINEM ARBEITSZIMMER MIT DEM DRITTEN GELEERTEN GLAS IN DER HAND.
HEUTE NACHMITTAG WURDE DIESES EREIGNIS IN DER REDAK-TION BEGOSSEN. DER KLEINE **SCHMITTIE** HAT AUF DEM TISCH GETANZT UND DIE HOSEN RUNTERGELASSEN. ANSCHLIESSEND HAT ER ALLES VOLLGEKOTZT, SO BESOFFEN WAR DER KLEI-NE KERL. ICH HABE WIRKLICH GUTE FREUNDE DORT.
ELSA HAT MICH HEUTE ABEND NOCH ANGERUFEN. IHRE STIMME KLANG FEST UND NATÜRLICH. DIE THERAPIE SCHEINT ZU WIRKEN.
ICH BIN IN GUTER STIMMUNG. IN EINER HALBEN STUNDE WIRD MEIN ALTER KUMPEL **FRANTEIS** MIT MUSICVIDEOS AUS DER ZEIT VOR DER JAHRTAUSENDWENDE BEI MIR VORBEI-SCHAUEN. DIE DINGER SIND WIKLICH WITZIG. ABER MIR IST DER ALTE **HEAVY-METAL**-SCHROTT ZU LAHM. DER HEUTIGE **OVERSPEED DRIVE** IST TAUSENDMAL AGGRESSIVER UND SCHNELLER.

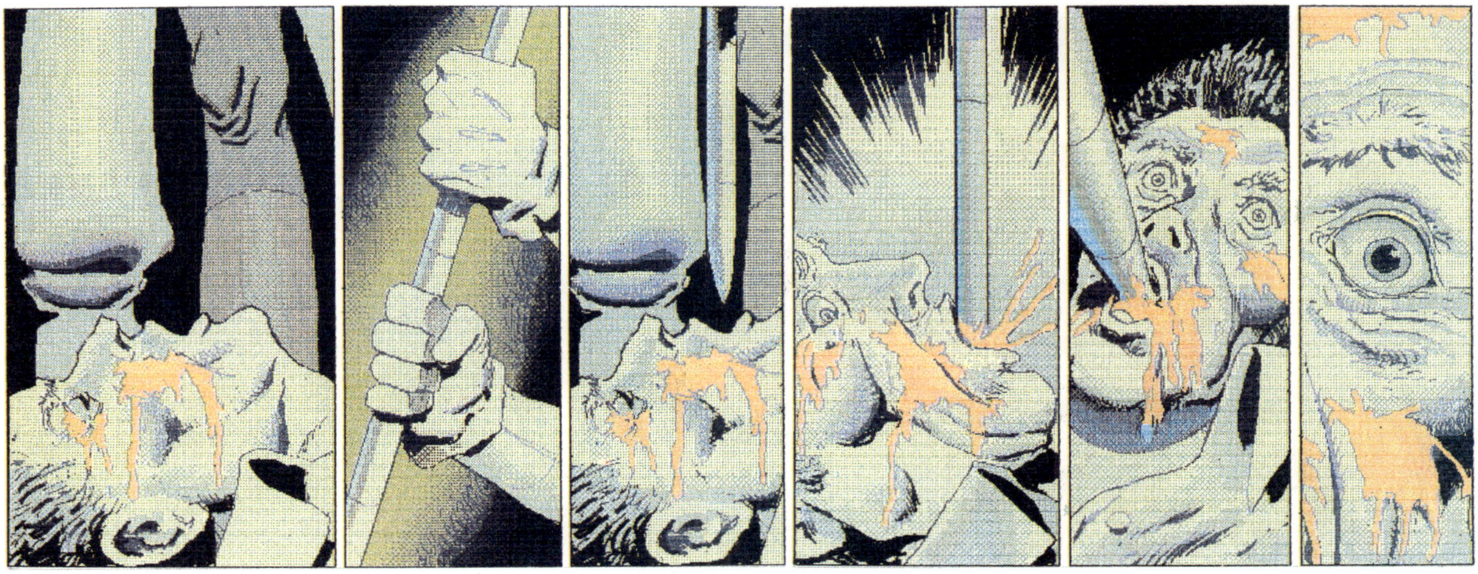

*) U.B.O.=UNDERGROUND BUILDING ONE

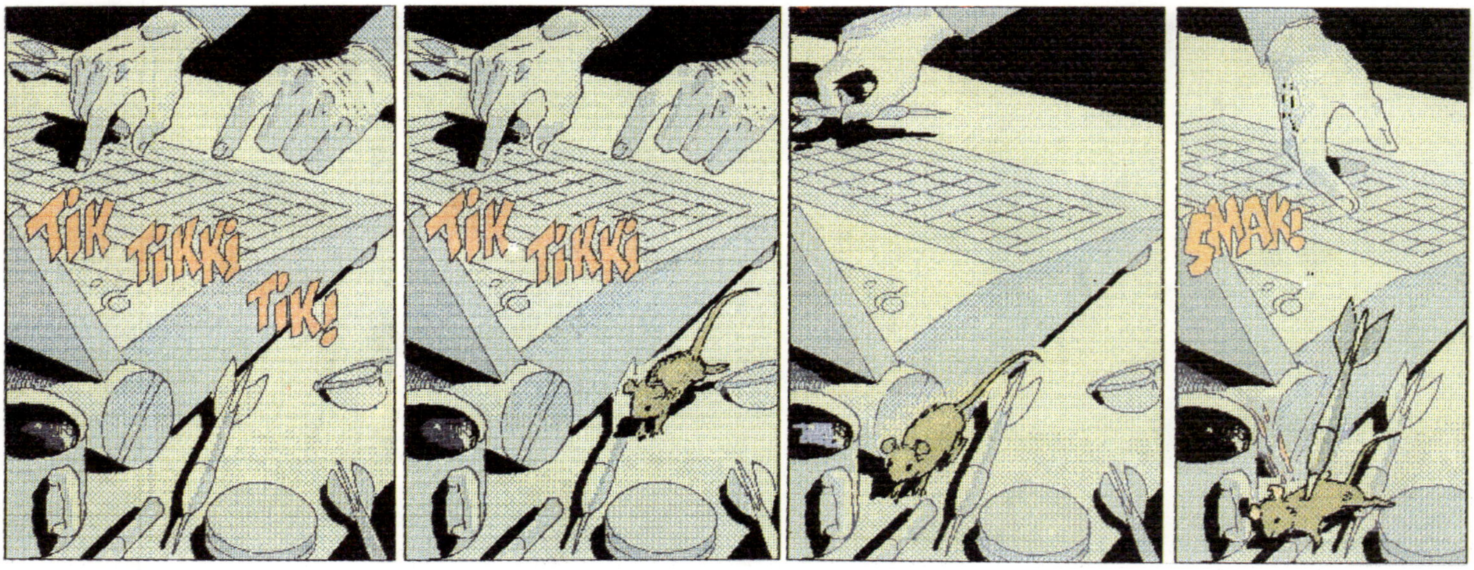

KIM KIM NORRADS TAGEBUCH.
U.B.O., 10.8. 2412

MÄUSE! DIESE VERFLUCHTEN **MÄUSE!** ÜBERALL KRIECHEN DIESE MISTVIECHER HERUM. WENN ICH ETWAS MEHR HASSE ALS DAS **ROBOT-IMPERIUM**, DANN SIND ES DIESE SCHEISSMÄUSE. SIE SCHEINEN SICH EXPLOSIONSARTIG ZU VERMEHREN. HEUTE HAT MICH IRGENDEIN TYP IN DER REDAKTION ANGERUFEN. ER WOLLTE NUR MEINEN NAMEN WISSEN UND HAT DANN WIEDER AUFGELEGT. ICH FÜHLE MICH BESCHISSEN. ELSA FEHLT MIR. HABE BIS SPÄT IN DIE NACHT IM ARCHIV HERUMGEHOCKT. MUSS EINE SERIE ÜBER DIE **DIKTATUREN** DIESER ERDE VERFASSEN. ICH HABE MIR DAS MATERIAL ÜBER **HITLER** UND DAS VON IHM INSTALLIERTE 3.REICH MIT GRAUSEN ANGESEHEN. DER **ROBOT-IMPERATOR** ÜBERTRIFFT DIESES MONSTER AUS DEM 20. JAHRHUNDERT UM EIN VIELFACHES. WERDE HEUTE NACHT NICHT GUT SCHLAFEN.

AUSRISS AUS EINEM BERICHT ZUR LAGE VON U.B.O.

VERFASSER: 1.PLENARIST DER REGIERENDEN
PARTEI FÜR **F**REIE **E**NTFALTUNG **P.F.E**

...LÄSST DIESE KONSTRUKTION INSTABILER WERDEN. ES SIND MATERIALSPANNUNGEN GEMESSEN WORDEN, DIE EINE KRITISCHE GRENZE BEREITS ÜBERSCHRITTEN HABEN. DIE ERNÄHRUNG VON **2.587.004** MENSCHEN WIRD VON TAG ZU TAG SCHWIERIGER, DA ROHPRODUKTE ZUR LEBENSMITTELPRODUKTION UNTER DER ERDE AUS PLATZMANGEL NUR IN BEGRENZTER MENGE ANGEBAUT WERDEN KÖNNEN UND EINE LANDWIRTSCHAFT ÜBER DER ERDE DURCH DIE STÄNDIGE PRÄSENZ VON **KILLER-ROBOTS** NICHT MÖGLICH IST.
WIR SIND NACH WIE VOR AUF DIE WILDWACHSENDEN PRODUKTE DER ERDOBERFLÄCHE ANGEWIESEN, DIE IN IMMER WAGHALSIGEREN EXKURSIONEN VON SPEZIALEINHEITEN HERBEIGESCHAFFT WERDEN MÜSSEN. DIE EXTREME BEVÖLKERUNGSDICHTE HAT ZU BESORGNISERREGENDEN SPANNUNGEN UNTER DER BEVÖLKERUNG GEFÜHRT. DIE KRIMINALITÄTSRATE IST IN DEN LETZTEN JAHREN SPRUNGHAFT IN DIE HÖHE GESCHNELLT. EINE PERFEKTERE GEBURTENKONTROLLE IST UNERLÄSSLICH. WIR SOLLTEN DIEJENIGEN, DIE UNBEDINGT AN DIE ERDOBERFLÄCHE ZURÜCK WOLLEN, NICHT DARAN HINDERN. SIE KÖNNTEN ALS **LEBENDE BOMBEN*** IN DIE FREIHEIT ENTLASSEN WERDEN, DÜRFEN ABER NICHT MEHR ZURÜCKKEHREN. OBWOHL UNSERE INDUSTRIELLE PRODUKTION BESCHEIDEN GENANNT WERDEN KANN UND DAS HIGH-TECH-POTENTIAL NUR DURCH DAS PLÜNDERN VERGANGENER METROPOLEN VERFÜGBAR IST, SOLLTEN WIR BEI DER ROHSTOFFGEWINNUNG BEDENKEN, DASS DIE VERFÜGBAREN RESSOURCEN NICHT UNERSCHÖPFLICH SIND. DIE DERZEIT ZU BEOBACHTENDE ROHSTOFFVERSCHWENDUNG WIRD RESTRIKTIVE MASSNAHMEN UNUMGÄNGLICH MACHEN, OBWOHL ICH ALS VERTRETER EINER FREIHEITLICHEN PARTEI EINE POLITIK DER STADTSTAATLICHEN STEUERUNG ABLEHNE. DIE AUSGABE VON ANTIDEPRESSIVEN DROGEN SOLLTE IN DIESEM JAHR UM 0,4 PROZENT GESTEIGERT WERDEN. DAS BEWUSSTSEIN, EINGESPERRT ZU SEIN, BRINGT JAHR FÜR JAHR IMMER MEHR AMOKLÄUFER HERVOR. IN DIESEM ZUSAMMENHANG PLÄDIERE ICH FÜR EINE ÄNDERUNG DES WAFFENGESETZES, OBWOHL ICH WEISS, DASS ICH MIT DIESER FORDERUNG ALLEIN STEHE. DIE ATOMARE ENERGIEVERSORGUNG UNSERER STADT **MUSS** DEZENTRALISIERT BLEIBEN. ICH LEHNE DIE FORDERUNG DER **R**ATIO-**Ö**KONOMISCHEN **P**ARTEI AB, MEHRERE STÄDTE DURCH EINE ENERGIEZENTRALE VERSORGEN ZU LASSEN. KRAFTWERKE WAREN SCHON IN DER VERGANGENHEIT DAS ZIEL VON ANSCHLÄGEN DURCH FANATISIERTE EINZELTÄTER. ICH BESCHULDIGE HIER ERNEUT DIE **KIRCHE VOM HEILIGEN GRAL**, DIE VÖLLIG HIRNRISSIGEN VORSTELLUNGEN EINER NEUEN KREUZZUGSMISSION HULDIGT, BESONDERS JUNGE MENSCHEN ZU FANATISCHEN JÜNGERN ....

KIM KIM NORRADS TAGEBUCH.
U.B.O., 12.8. 2412

HEUTE WAR ZIEMLICHER WIRBEL IN DER REDAKTION. MORD UND TOTSCHLAG GEHÖREN ZU DIESER STADT WIE DER KÜNSTLICHE SONNENAUF- UND UNTERGANG, DER UNS JEDEN TAG BESCHERT WIRD. IN DER LETZTEN NACHT WURDE IN DER FEINSTEN ECKE DIESER METROPOLE, IM **PLANTERS CORNER**, EINE JUNGE FRAU UMGEBRACHT. ALS WIR DAS VIDEOMATERIAL DES TATORTS MIT DER LEICHE VOM POLICE-HEADQUARTER BEKAMEN, HABEN SICH EINIGE BEIM ANBLICK DIESER BILDER SPONTAN ÜBERGEBEN. ES WAR FÜRCHTERLICH. SPUREN SOLCHER GRAUSAMKEIT KENNT MAN NUR VON ZUSAMMENSTÖSSEN MIT KILLER-ROBOTS AUF DER ERDOBERFLÄCHE. WIR HABEN ABGESTIMMT, KEIN VIDEOMATERIAL DEM ARTIKEL BEIZUFÜGEN. ALS ICH NACH HAUSE KAM, FAND ICH AUF DEM FUSSBODEN HINTER DER EINGANGSTÜR EINE **MEMORY-BITCARD**. WERDE SIE MIR MORGEN ANSEHEN, BIN ZUM UMFALLEN MÜDE.

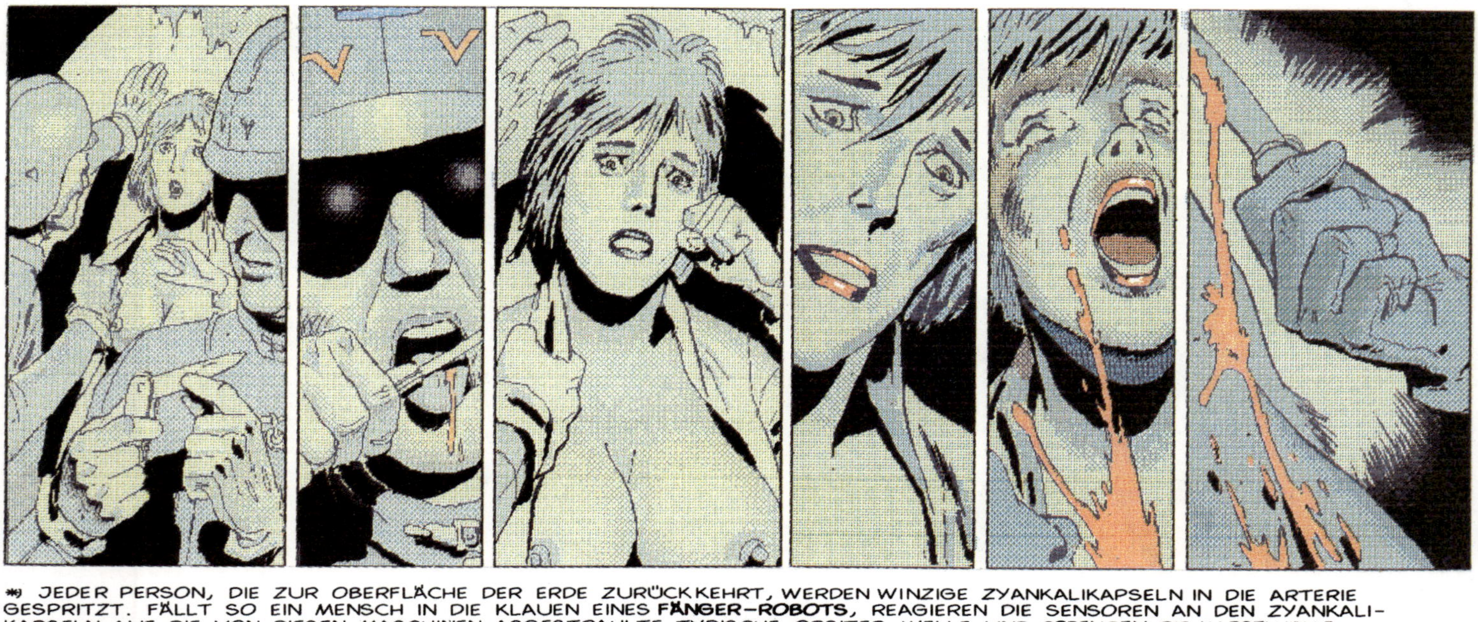

* JEDER PERSON, DIE ZUR OBERFLÄCHE DER ERDE ZURÜCKKEHRT, WERDEN WINZIGE ZYANKALIKAPSELN IN DIE ARTERIE GESPRITZT. FÄLLT SO EIN MENSCH IN DIE KLAUEN EINES **FÄNGER-ROBOTS**, REAGIEREN DIE SENSOREN AN DEN ZYANKALIKAPSELN AUF DIE VON DIESEN MASCHINEN ABGESTRAHLTE TYPISCHE ORBITER-WELLE UND SPRENGEN DIE KAPSELHÜLLE. SO WIRD VERHINDERT, DASS POSITION UND ZUGÄNGE DER UNTERIRDISCHEN STÄDTE UNTER DER FOLTER PREISGEGEBEN WERDEN.

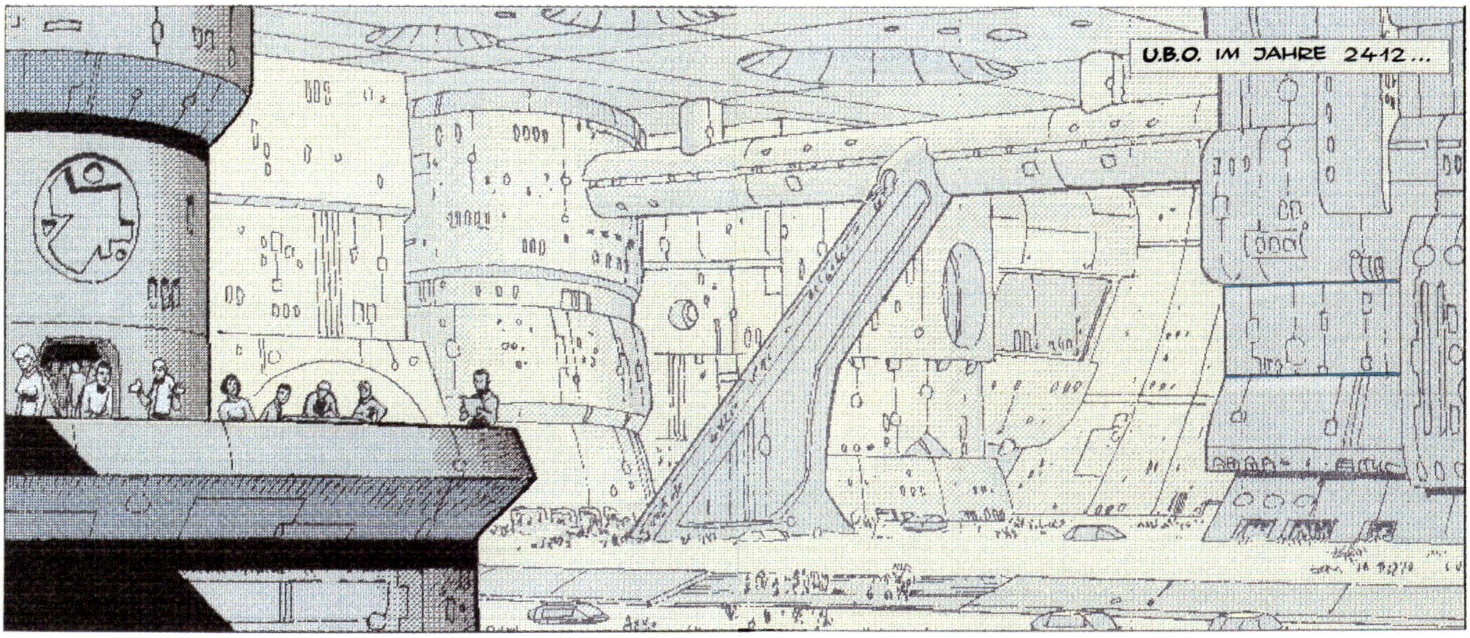

KIM KIM NORRADS TAGEBUCH.
U.B.O., 13.8. 2412

HABE MIR HEUTE MORGEN GLEICH DIE **MEMORY-BITCARD** ANGESEHEN, DIE MIR IRGENDEIN UNBEKANNTER UNTER DER TÜR DURCHGESCHOBEN HAT. ES SIND BILDER VOM TATHERGANG DER MORDE AN **BRONNERSEN** UND DER FRAU, DIE VORLETZTE NACHT BESTIALISCH HINGESCHLACHTET WURDE. BIN VERBLÜFFT.
ES GIBT EINEN ZEUGEN FÜR BEIDE MORDE!
DIE AUFNAHMEN WURDEN MIT EINEM INFRAROT-PRINTER GEMACHT UND BEZEUGEN EINDEUTIG, DASS DIE TÄTER, WIE VON MIR VERMUTET, DEN SICHERHEITSKRÄFTEN ANGEHÖREN. IHRE RASIERTEN VISAGEN SIND HINTER SCHLAGFESTEN POLIZEIHELMEN VERSTECKT. EINE NAMENSLISTE FOLGT. SECHS NAMEN SIND ROT MARKIERT. DAS KÖNNTEN DIE TÄTER SEIN. ADRESSEN ODER AUFENTHALTSBEREICH SIND NICHT ANGEGEBEN. DIE KARTE VERABSCHIEDET SICH MIT DEN WORTEN: **WARTEN! NICHTS WEITER UNTERNEHMEN!** ICH LESE DIE NAMEN SO OFT, BIS SIE SICH IN MEIN GEDÄCHTNIS EINBRENNEN.
DEN GANZEN TAG WARTE ICH AUF EINEN WEITEREN HINWEIS DES UNBEKANNTEN. ICH ERWÄHNE MIT KEINEM WORT DEN VORFALL. AM ABEND HABE ICH DANN ELSA BESUCHT. DER THERAPEUT IST EIN ARSCHLOCH! ER HAT MIR LÄCHERLICHE 10 MINUTEN FÜR EIN GESPRÄCH MIT IHR GEGEBEN. BIN UM 9 UHR WIEDER IN MEINER WOHNUNG. NICHTS GESCHIEHT. IM **HOME SCREEN** LÄUFT EIN IDIOTISCHER FILM MIT DEM TITEL: "DER TOD DES IMPERATORS". SCHÖN WÄR'S. DIE DARSTELLUNG DES **ROBOT-IMPERATORS** IST EINFACH LÄCHERLICH. ES HAT ZWAR NOCH NIEMAND DEN IMPERATOR ZU GESICHT BEKOMMEN, UND ES GIBT AUCH AUF DER GANZEN WELT KEIN FOTO VON IHM, ABER SO ABARTIG WIE IN DIESEM VIDEO SIEHT ER BESTIMMT NICHT AUS. EINE SCHWEBENDE TONNE MIT 50 TENTAKELN. LÄCHERLICH! ES IST EINDEUTIG WISSENSCHAFTLICH ERWIESEN, DASS DIESES MONSTRUM AUS DER GRUNDKONSTRUKTION DER LETZTEN **SUPER-VISCOLANT-SERIE** HERVORGEGANGEN SEIN MUSS. FÜR DAS DESIGN DER **ÄUSSEREN** BESCHAFFENHEIT GIBT ES NICHT DIE GERINGSTEN ANHALTSPUNKTE. ICH SCHALTE ÄRGERLICH AB UND GEHE SCHLAFEN.

KIM KIM NORRADS TAGEBUCH.
U.B.O., 14.8. 2412

HEUTE MITTAG WURDE VON DEN SENSOREN WIEDER EINMAL **ALARMSTUFE BREAK** AUSGELÖST. ALLES RUHTE. DIE ENERGIEVERSORGUNG SCHALTETE FÜR ÜBER DREI STUNDEN AB. UNSERE HOCHSENSIBLEN **PLAINWATCHER** HATTEN VIER **FLYING LOBSTERS** GEMELDET, DIE MIT ULTRA-SONAREN DIE ERDOBERFLÄCHE NACH SCHWINGUNGSMUSTERN UND STRAHLUNGSQUELLEN ABSUCHTEN. BEI KERZENSCHEIN HABEN EINIGE IM BÜRO KARTEN GESPIELT, DER REST SCHLIEF. NACH ARBEITSBEENDIGUNG BIN ICH EINKAUFEN GEGANGEN. ICH HABE EINE ZIEMLICH LANGE LISTE AN FRESSALIEN UND GETRÄNKEN IN DEN **AUTOMATIC-FOODBOY** GETIPPT. MAL SEHEN, WAS DAVON LIEFERBAR IST. ALS ICH AM **FUN-ODEON** VORBEIKAM, WURDE ICH VON EINEM TYP ANGEREMPELT, DER SICH OHNE EIN WORT DER ENTSCHULDIGUNG SOFORT ENTFERNTE. HABE DANN AUF DER HEIMFAHRT IMMER WIEDER DARAN GEDACHT. ALS ICH EINE HAND IN MEINE JACKENTASCHE STECKTE, BEMERKTE ICH DORT EIN KLEINES METALLPLÄTTCHEN. ETWAS KRAKELIG HATTE DORT JEMAND DAS WORT **"OFFICE 156"** EINGERITZT. DAS KONNTE TATSÄCHLICH NICHTS ANDERES SEIN, ALS DIE NACHRICHT, AUF DIE ICH SO BRENNEND WARTETE.

KIM KIM NORRADS TAGEBUCH.
U.B.O., 16.8. 2412

HABE HEUTE MORGEN ELSA ABGEHOLT. SIE IST WIE VERWANDELT UND VOLLER LEBENSENERGIE. WIR HABEN GROSSES GLÜCK GEHABT UND EINE 4-STUNDENKARTE FÜR DEN PARK BEKOMMEN, WEIL DER ANWÄRTER AUF DIESE KARTE KURZ ZUVOR DAS ZEITLICHE GESEGNET HATTE.
DIE TIERE, DIE SICH IN DIESEM PARK TUMMELN, FÜHLEN SICH OFFENSICHTLICH WOHL. DER UMSTAND, DASS SIE IHR LEBEN IN EINER MONSTRÖSEN HÖHLE VERBRINGEN, SCHEINT IHNEN NICHT DAS MINDESTE AUSZUMACHEN.
ALS WIR DIESES KÜNSTLICHE STÜCKCHEN NATUR VERLIESSEN, FIELEN UNSERE BLICKE AUF DIE RIESIGE **NEWSWALL**, AUF DER PAUSENLOS DAS GESCHEHEN IN DIESER STADT DOKUMENTIERT WIRD.
DAS BILD EINES MANNES WAR ZU SEHEN, DER MIT DEM GESICHT NACH UNTEN IN EINEM ABWASSERKANAL SCHWAMM. ES WAR DIE LEICHE EINES **POLICEMAN**. MAN HATTE IHN NACHTS AUS SEINER WOHNUNG GEHOLT UND OFFENBAR GEFOLTERT. WAR ES MEIN UNBEKANNTER INFORMANT? ICH ERZÄHLE ELSA NICHTS VON DER GANZEN SACHE. WERDE MIR ABER MORGEN ÜBER EINEN KONTAKTMANN MATERIAL ÜBER DAS **OFFICE 156** BESORGEN LASSEN. EIN BISSCHEN MULMIG IST MIR SCHON BEI DIESER GANZEN SACHE. ICH HABE ES MIT EISKALTEN KILLERN ZU TUN.

KIM KIM NORRADS TAGEBUCH.
U.B.O., 17.8. 2412

HABE VON MEINEM INFORMANTEN EINIGES ÜBER DAS **OFFICE 156** ERFAHREN KÖNNEN. ES HAT MEHRMALS SCHLIMME ÜBERGRIFFE EINIGER BEAMTER GEGEBEN. IN DREI FÄLLEN WURDE WEGEN TOTSCHLAGS ERMITTELT. ES ERFOLGTEN KEINE ANKLAGEN.
IN DIESEM REVIER GIBT ES ZWEI **PATROLMEN**, DEREN NAMEN IN DER GEHEIMNISVOLLEN LISTE MARKIERT WAREN. DOCH WAS NÜTZEN MIR NAMEN OHNE BEWEISMATERIAL? HABE ICH AUF DEN BILDERN VON DER **MEMORY-BITCARD** IRGEND ETWAS ÜBERSEHEN? ICH WERDE SIE MIR NOCH MAL GENAU ANSCHAUEN. HEUTE ABEND BEGINNEN DIE **CRACKBALL-MEISTERSCHAFTEN**. SETZE VOLL AUF DIE **THUNDERKINGS**.

ERINNERN WIR UNS:
DER **ROBOT-IMPERATOR** VERFOLGT DEN IRRWITZIGEN PLAN, DIE ERDE IN EIN RIESIGES RAUMSCHIFF ZU VERWANDELN, UM SIE DURCH DIE WEITEN DES UNIVERSUM ZU STEUERN. IHN TREIBT DIE UNERSÄTTLICHE GIER NACH UNENDLICHER MACHT.
WÄHREND ER EIN EXPERIMENT ZUR BEEINFLUSSUNG DER **GRAVITATION** VORBEREITET, UM DEN ERDBALL AUS SEINER VERANKERUNG IM ALL ZU LÖSEN, GERATEN EINIGE ROBOTER DURCH GEZIELTE MANIPULATION VÖLLIG AUSSER KONTROLLE. SIE RICHTEN IHRE FURCHTBAREN WAFFEN GEGEN IHRE EIGENE SPEZIES. ROBOTS VERNICHTEN ROBOTS. DER **ROBOT-IMPERATOR** HAT ZUM ERSTEN MAL EINEN ERNSTZUNEHMENDEN GEGNER, DER ÜBER MITTEL UND METHODEN VERFÜGT, DEN FORTBESTAND SEINES **IMPERIUMS** ZU GEFÄHRDEN.
DER ALTE **HIGGEN-DAU-DU** UND SEIN SCHÜTZLING **SCHARLOCK** GERATEN WÄREND EINES JAGDAUSFLUGS IN TÖDLICHE GEFAHR, ALS SIE VON **KILLERMASCHINEN** DES IMPERIUMS GEJAGT WERDEN. SIE WERDEN IN LETZTER SEKUNDE VON DEM **KINGOO-FIGHTER** KAM-A-SARAT GERETTET, DER BEIM KAMPF UMKOMMT. DER JUNGE **SCHARLOCK,** DER SELBST EIN **KINGOO-FIGHTER** WERDEN WILL, WIRD VON KAM-A-SARAT ZU DESSEN NACHFOLGER ERNANNT. UM KAM-A-SARATS ERBE ANZUTRETEN, FLIEGEN **HIGGEN-DAU-DU** UND **SCHARLOCK** IN DIE VERLASSENE ROLLENDE STADT **GHOMRA,** DIE ALS EINGANG FÜR EINEN UNTERSCHLUPF VON WIDERSTANDSKÄMPFERN DIENT.

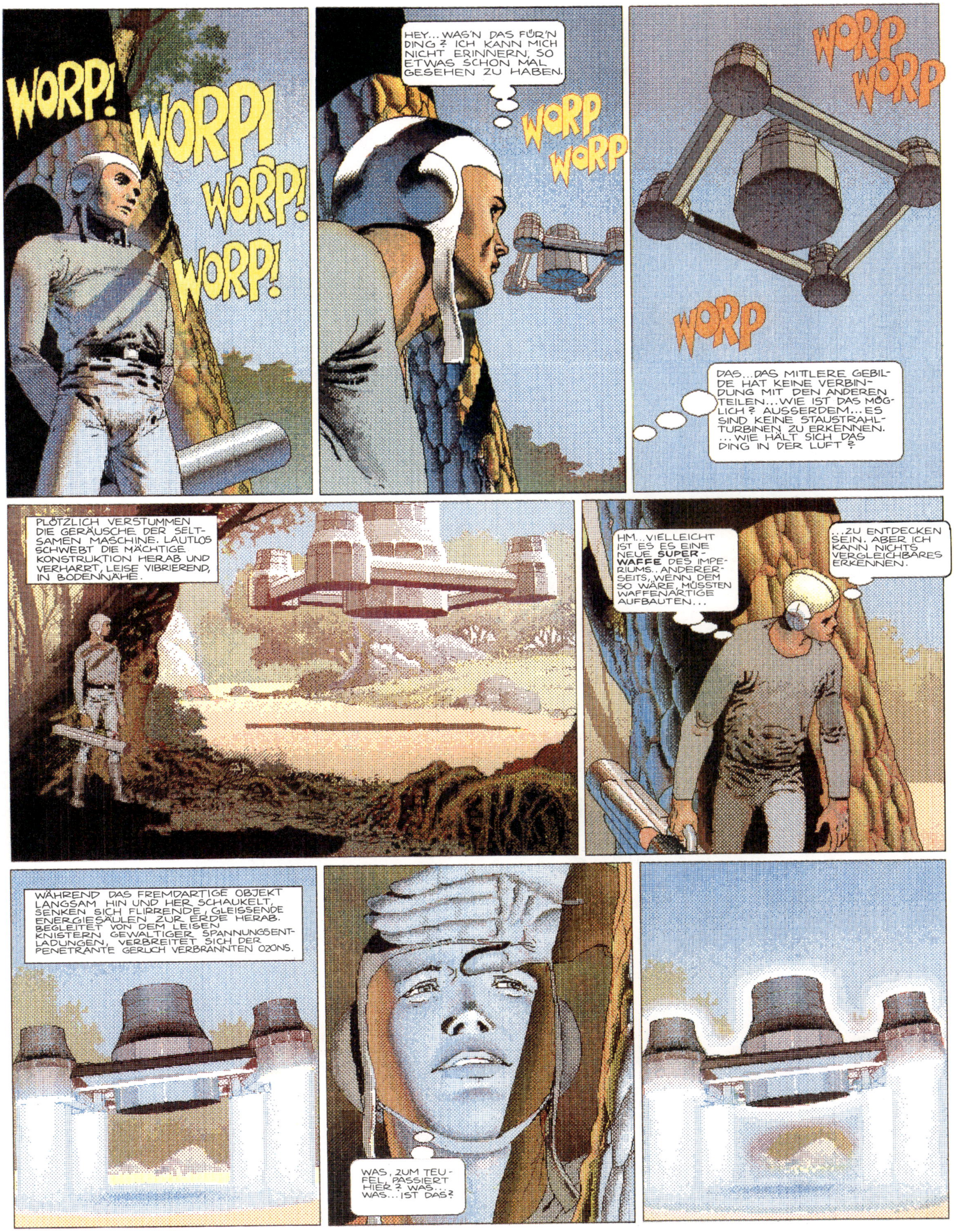
WORP!
WORP!
WORP!
WORP!
HEY... WAS'N DAS FÜR'N DING? ICH KANN MICH NICHT ERINNERN, SO ETWAS SCHON MAL GESEHEN ZU HABEN.
WORP
WORP
WORP
WORP
WORP
DAS... DAS MITTLERE GEBILDE HAT KEINE VERBINDUNG MIT DEN ANDEREN TEILEN... WIE IST DAS MÖGLICH? AUSSERDEM... ES SIND KEINE STAUSTRAHLTURBINEN ZU ERKENNEN. ... WIE HÄLT SICH DAS DING IN DER LUFT?
PLÖTZLICH VERSTUMMEN DIE GERÄUSCHE DER SELTSAMEN MASCHINE. LAUTLOS SCHWEBT DIE MÄCHTIGE KONSTRUKTION HERAB UND VERHARRT, LEISE VIBRIEREND, IN BODENNÄHE.
HM... VIELLEICHT IST ES ES EINE NEUE SUPER-WAFFE DES IMPERIUMS.. ANDERERSEITS, WENN DEM SO WÄRE, MÜSSTEN WAFFENARTIGE AUFBAUTEN...
...ZU ENTDECKEN SEIN. ABER ICH KANN NICHTS VERGLEICHBARES ERKENNEN.
WÄHREND DAS FREMDARTIGE OBJEKT LANGSAM HIN UND HER SCHAUKELT, SENKEN SICH FLIRRENDE, GLEISSENDE ENERGIESÄULEN ZUR ERDE HERAB. BEGLEITET VON DEM LEISEN KNISTERN GEWALTIGER SPANNUNGSENTLADUNGEN, VERBREITET SICH DER PENETRANTE GERUCH VERBRANNTEN OZONS.
WAS, ZUM TEUFEL, PASSIERT HIER? WAS... WAS... IST DAS?

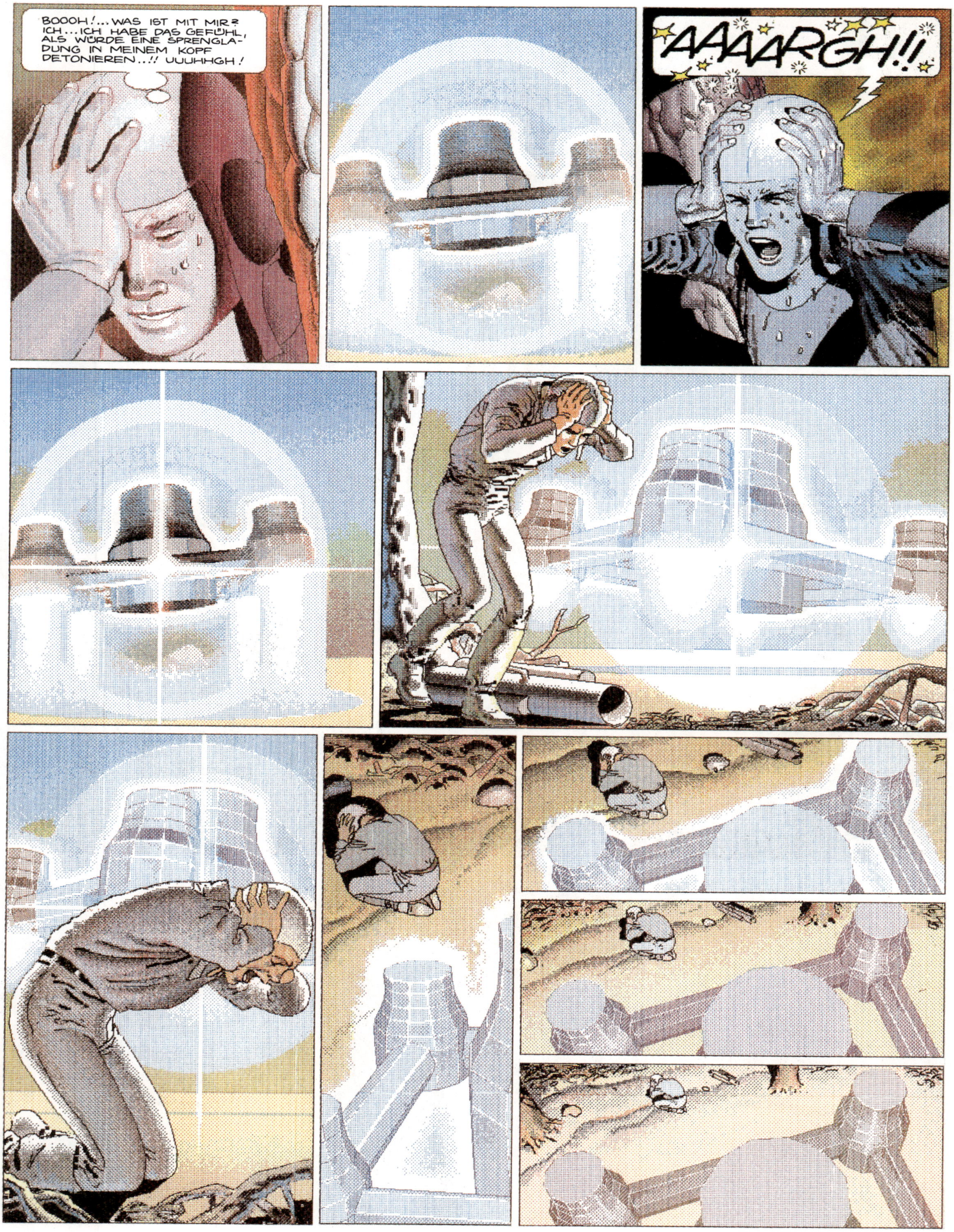
BOOOH!... WAS IST MIT MIR? ICH... ICH HABE DAS GEFÜHL, ALS WÜRDE EINE SPRENGLADUNG IN MEINEM KOPF DETONIEREN..!! UUUHHGH!
AAAARGH!!

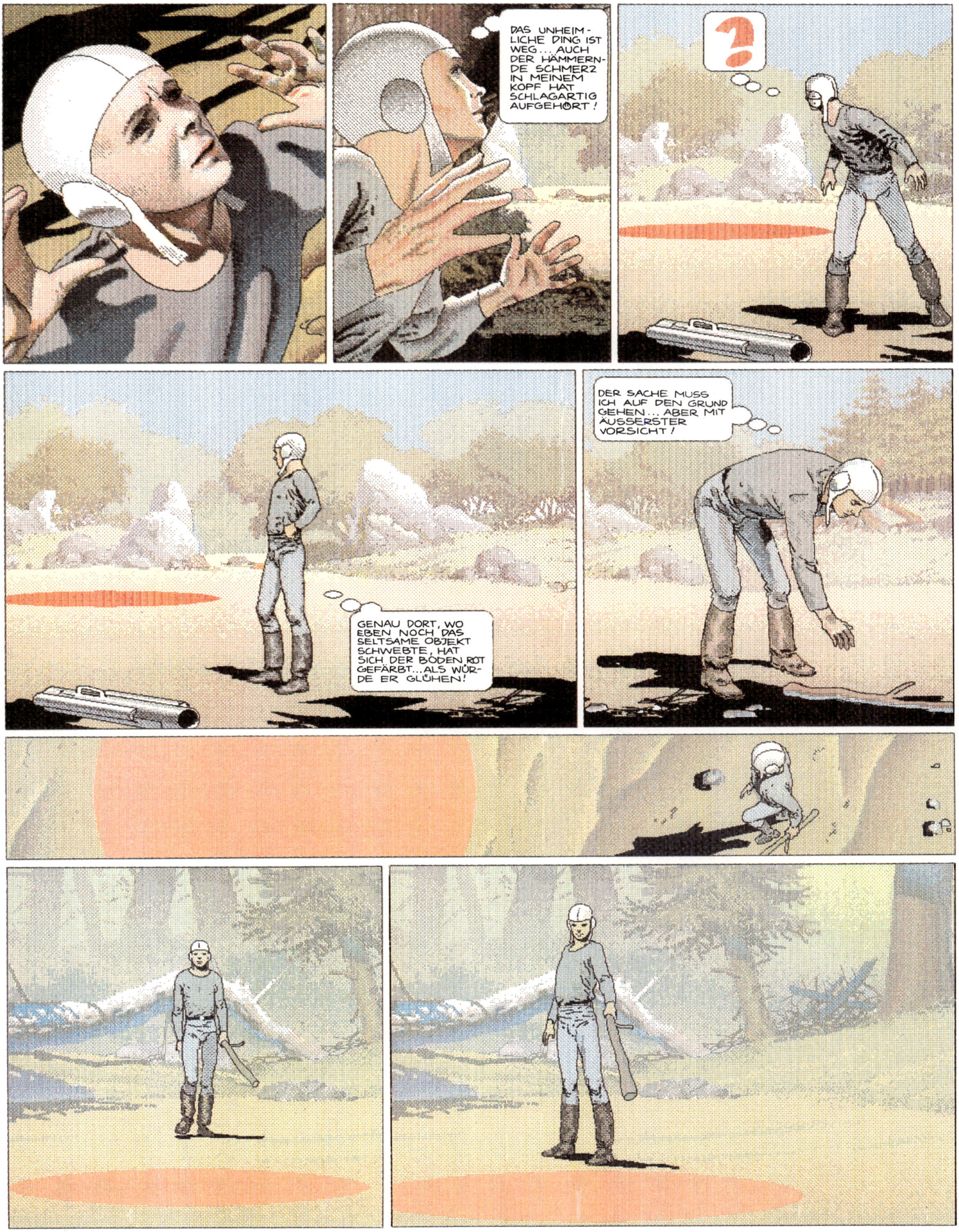
DAS UNHEIMLICHE DING IST WEG... AUCH DER HÄMMERNDE SCHMERZ IN MEINEM KOPF HAT SCHLAGARTIG AUFGEHÖRT!
?
GENAU DORT, WO EBEN NOCH DAS SELTSAME OBJEKT SCHWEBTE, HAT SICH DER BODEN ROT GEFÄRBT... ALS WÜRDE ER GLÜHEN!
DER SACHE MUSS ICH AUF DEN GRUND GEHEN... ABER MIT ÄUSSERSTER VORSICHT!

EIN SELTSAMES FLIRREN ERFÜLLTE DIE LUFT. DIE ERDE INNERHALB DES ROTEN KREISES UND MIT IHR ALLE STEINE UND PFLANZEN WAREN VOLLKOMMEN FREI VON IRGENDEINER SCHATTENBILDUNG WIE MIT PURPURROTEM PUDERZUCKER ÜBERZOGEN. LANGSAM SCHOB **SCHARLOCK** DAS ASTSTÜCK ÜBER DEN RAND DER MYSTERIÖSEN FLÄCHE. DA SPÜRTE ER PLÖTZLICH, DASS DER KNÜPPEL WIE VON EINER UNSICHTBAREN KRAFTQUELLE ZUM KREISZENTRUM HINGEZOGEN WURDE. SCHLIESSLICH WURDE DIE KRAFT SO STARK, DASS DAS HOLZSTÜCK IHM AUS DER HAND GERISSEN WURDE. ENTSETZT WICH ER ZURÜCK.

EIN **MENSCH**! DA HAT SICH DOCH TATSÄCHLICH EIN MENSCH IN UNSER EXPERIMENT VERIRRT! WIESO IST SEINE ANWESENHEIT NICHT VON DEN DSCHUNGELSENSOREN GEMELDET WORDEN?
IN DEN LETZTEN VIER MONATEN WURDEN 2700 SENSOREN VON MENSCHEN ZERSTÖRT. WIR HABEN MÜHE, DIE VERLUSTE MIT GLEICHER GESCHWINDIGKEIT AUSZUGLEICHEN!
DANN MÜSSEN WIR UNSER WARNSYSTEM IN ZUKUNFT AGGRESSIVER GESTALTEN...
ALLE SENSOREN WERDEN AB SOFORT MIT EINEM „PLASMARUNDUM-BRENNER" VERSEHEN, DER BEI VERLETZUNG EINER 20-METERZONE JEDEN MENSCHEN ZERHACKT!
WAS IST DAS ÜBRIGENS FÜR EIN TYP? ETWA EINER DIESER VERDAMMTEN "KINGOO-FIGHTER"?
WIR BRAUCHEN EINE VERGRÖSSERUNG DER KOPFPARTIE DIESES MENSCHEN!
ES IST KEIN "KINGOO-FIGHTER". ES IST DAS, WAS DIE MENSCHEN "KIND" NENNEN! ICH KÖNNTE ES ELIMINIEREN LASSEN, ABER WENN ES AM LEBEN BLEIBT, FÜHRT ES UNS...
SPLAT!
...VIELLEICHT ZU EINEM DIESER PERFEKT GETARNTEN WIDERSTANDSNESTER. ÜBERWACHT IHN MIT EINEM SKY-WATCHER, DER IN 18000 METER HÖHE INSTALLIERT WIRD! DAS EXPERIMENT LÄUFT!..SEH'N WIR UNS INZWISCHEN DIE ERSTEN HOLOGRAMME AUS DEM KRISENGEBIET AN!

DIE KONTROLL BASIS IN DER DSCHUNGELREGION IM PLANQUADRAT 45 IST VOLLSTÄNDIG BLOCKIERT. DORT HINGESANDTE AUFKLÄRER HABEN UNS VOR ACHT MINUTEN, SECHZEHN SEKUNDEN HOLOVIDEOS ÜBERMITTELT. SIND DIE DATEN AUFBEREITET UND ZUR PROJEKTION BEREIT?
DIE MIT DUNST ANGEREICHERTE LUFT IN DIESER GEGEND HAT NUR EINEN DATENDURCHSATZ VON 80% ERLAUBT. VERGRÖSSERUNGEN SIND ALSO FEHLERHAFT!
MACHT NICHTS! FEHLENDE KONTURENSCHÄRFE WERDEN WIR, WENN NÖTIG, KÜNSTLICH MODELLIEREN.... SCHREITEN WIR JETZT ZUR PROJEKTION!
SCA-LANG!
ES SIND AUF DEN ERSTEN BLICK KEINERLEI BESCHÄDIGUNGEN ZU ENTDECKEN. VERGRÖSSERN!... FAKTOR 100... KOAXIAL, DIAMETRAL!

OBJEKT WEITERDREHEN! NICHTS... ES SIND KEINERLEI ANZEICHEN FÜR EIN GEWALTSAMES EINDRINGEN ZU ERKENNEN. ICH MÖCHTE DAS FUNDAMENT DER STATION SEHEN.
TIEFER! DA IST SCHEMENHAFT EIN OBJEKT ZU ERKENNEN. 400% VERGRÖSSERN!
DA! DIE ERSTE SPUR UNSERES GROSSEN WIDERSACHERS! SEINE TRANSPORTMITTEL SIND ALLERDINGS AUSSERST PRIMITIV. DAS DA IST EIN URALTER SUMPFGLEITER.
ABER SEINE WAFFENTECHNIK IST DER UNSEREN WEIT ÜBERLEGEN. DIE AUSSENHÜLLE DER STATION IST AUS POLYTRI-BARRIUM, DEM HÄRTESTEM MATERIAL, DAS ES JE AUF DIESEM PLANETEN GEGEBEN HAT.
UNSER GEGNER HAT DIE EINEN METER DICKE WAND ZERFETZT, ALS BESTÜNDE SIE AUS KNETMASSE.
AUSSERDEM MUSS ER ÜBER EIN AUSSERGEWÖHNLICHES TECHNISCHES WISSEN VERFÜGEN, UM DEN AUSLÖSER FÜR DIE SELBSTZERSTÖRUNGSANLAGE...
...ZU BLOCKIEREN, DER SOFORT MIT DEM COUNTDOWN BEGINNT, SOBALD DER ZENTRALE STEUERBEREICH MIT DEM KRAFTWERK GEWALTSAM GEÖFFNET WIRD.
ABER WAS SUCHT DER TYP DORT? ER KANN ES NUR AUF DAS KERNSTÜCK DER ANLAGE, DEN CONTROLER, ABGESEHEN HABEN. DER ENTHÄLT DEN KOMMUNIKATIONSCODE FÜR UNSER SYSTEM.
WENN ER DAS DING IN DIE FINGER KRIEGT, WÄRE UNSER IMPERIUM ZUM ERSTEN MAL WIRKLICH VERWUNDBAR. SOFORT MONITORKONTAKT!
MONITORKONTAKT ZU DEN AUFKLÄRERN HERGESTELLT.
ORDER AN DAS MUTTERSCHIFF FLYING TOWER FT 482-1: FIXIERUNG AUF DAS STATIONSFUNDAMENT IM SEKTOR 134° OST.
GUT... ICH HABE DEN SEKTOR AUF DEM SCHIRM. ES HAT SICH NICHTS VERÄNDERT. DER TYP IST ALSO NOCH IN DER STATION.
ER SITZT ALSO IN DER FALLE! BEOBACHTET WEITER UND HALTET EUCH AUF DISTANZ. UNSER FEIND BESITZT WAFFEN, DIE ALLES DURCHSCHLAGEN!

ICH SELBST WERDE DIESE AKTION LEITEN. DER GROSSE UNBEKANNTE MUSS UNS UM JEDEN PREIS LEBEND IN DIE HÄNDE FALLEN. SEINE WAFFENTECHNIK INTERESSIERT MICH BRENNEND. MACHT DEN SKYZAK STARTKLAR. WIR FLIEGEN IN EXAKT 7 MINUTEN.
IMPERATOR, ES GIBT PROBLEME BEI UNSEREM GRAVITATIONSEXPERIMENT.
PROBLEME? WELCHE HÖHE HAT DER GRAVITATOR JETZT ERREICHT?
ER HÄLT SICH SEIT 6 MINUTEN UND 12 SEKUNDEN IN EINER HÖHE VON 4000 METERN. DAS MATERIAL HÄLT DIE STROMSPANNUNG NICHT AUS.
IN DER TAT... DIE 4 ECKGRAVITATOREN SIND ROTGLÜHEND VERFÄRBT. ABER DAS WAR JA ZU ERWARTEN. UNSERE COMPUTERSIMULATOREN HABEN EIN ÄHNLICHES ERGEBNIS PROPHEZEIT. DOCH SOLLTEN WIR BEDENKEN...
...DASS MIT DIESEM EXPERIMENT BEWIESEN WURDE, DASS DIE GRAVITATION EINE BEEINFLUSSBARE KRAFT IST. ZUM ERSTEN MAL SCHWEBT EIN TONNENSCHWERER KÖRPER OHNE TRAGFLÄCHEN UND TURBINEN IN DER LUFT. DA!... DER GRAVIATOR BEGINNT ZU SCHWANKEN!
ER WIRD GLEICH ABSTÜRZEN. DIE SPANNUNG VON VIERZIG TRILLIARDEN GIGAVOLT SETZT EINE ATOMARE KERNSCHMELZE IN GANG. WIR BRAUCHEN ANDERE FORMEN DES ENERGIETRANSFERS.
ERSTAUNLICH IST JEDOCH, DASS DAS RÖHRENFÖRMIGE ANTIGRAVITATIONSFELD UNTER DEM GRAVITATOR EIN STÜCK ERDSCHOLLE IMMER NOCH IN DER SCHWEBE HÄLT!
SCROFF!
FOB!
SCHLUMP!

SPLAT!
ZFOM!
MEINE WAFFE! DARAN HABE ICH VIER TAGE HART GEARBEITET, UND JETZT HAT DIESER HIMMELS-SCHROTT DARAUS IN SEKUNDENSCHNELLE SPERRMÜLL GEMACHT.
DIE EXPERIMENTE WERDEN MIT PRIORITÄT B FORTGESETZT. KÜMMERN WIR UNS JETZT UM DEN, DER DEM ROBOT-IMPERIUM DEN KRIEG ERKLÄRT HAT. AUF ZUR KONTROLLBASIS IM PLANQUADRAT 45.
CLIC!
DATEN AN HANGARBASIS: SKYZAK AUF FLUGHÖHE 700 UND GESCHWINDIGKEIT 14000 PROGRAMMIEREN.
MIR REICHT'S! DAS IST ALLES EIN BISSCHEN VIEL AUF EINMAL. ZURÜCK ZUM FLUSS ZU MERRYL UND DEM ALTEN HIGGEN-DAU-DU.

RIB!
CHIC CHIC!
?
CHIC CHIC!
ACH DU HEILIGE SCHEISSE! EIN **DSCHUNGELSENSOR** BELAUERT MICH.
CHIC CHIC!
GESTERN STAND DAS DING NOCH NICHT AN DIESER STELLE. MIST, DASS MEINE PLEMPE IM ARSCH IST; ICH WÜRDE DIESES SCHEISSDING SONST SOFORT UMNIETEN!
VIELLEICHT IST DER KASTEN GAR NICHT RICHTIG VERANKERT, UND MAN KANN IHN MIT EINEM STEINWURF ZUM ABDRIFTEN RICHTUNG SEEMITTE BRINGEN.
CHIC CHIC!
RIP
CHIC CHIC!
POG!
CHIC CHIC!
NEE, DAS WAR NICHTS! DIE BLECHKISTE STEHT SO FEST, ALS HÄTTE MAN SIE AUF DEM GRUND EINBETONIERT.
ICH VERZIEH' MICH LIEBER, SONST WIRD'S BRENZLIG.

FZOOOM!
?
ZU SPÄT! DIESER VERFLUCHTE DSCHUNGEL-SENSOR HAT SCHNELLER REAGIERT, ALS ICH DACHTE.
ER HAT ZWEI HELIBOOSTER GERUFEN, DIE SICH GANZ IN DER NÄHE AUFGEHALTEN HABEN MÜSSEN. OHNE WAFFE HABE ICH KAUM EINE CHANCE ZU ENTKOMMEN.
DAS SCHÜTZENDE DICKICHT IST ZU WEIT ENTFERNT. BIS ICH DAS ERREICHT HABE, HABEN DIE HELIBOOSTER MIR LÄNGST DEN ARSCH ABGESCHOSSEN!
ES BLEIBT MIR NUR EINE MÖGLICHKEIT...
ICH MUSS INS WASSER, UNTERTAUCHEN UND VERSUCHEN, DEN STÜTZPFEILER DES DSCHUNGELSENSORS ZU ERREICHEN. DIE HELIBOOSTER ORIENTIEREN SICH AUSSCHLIESSLICH AN DER STATUR UND DEM TYPISCHEN BEWEGUNGSMUSTER DES MENSCHEN.

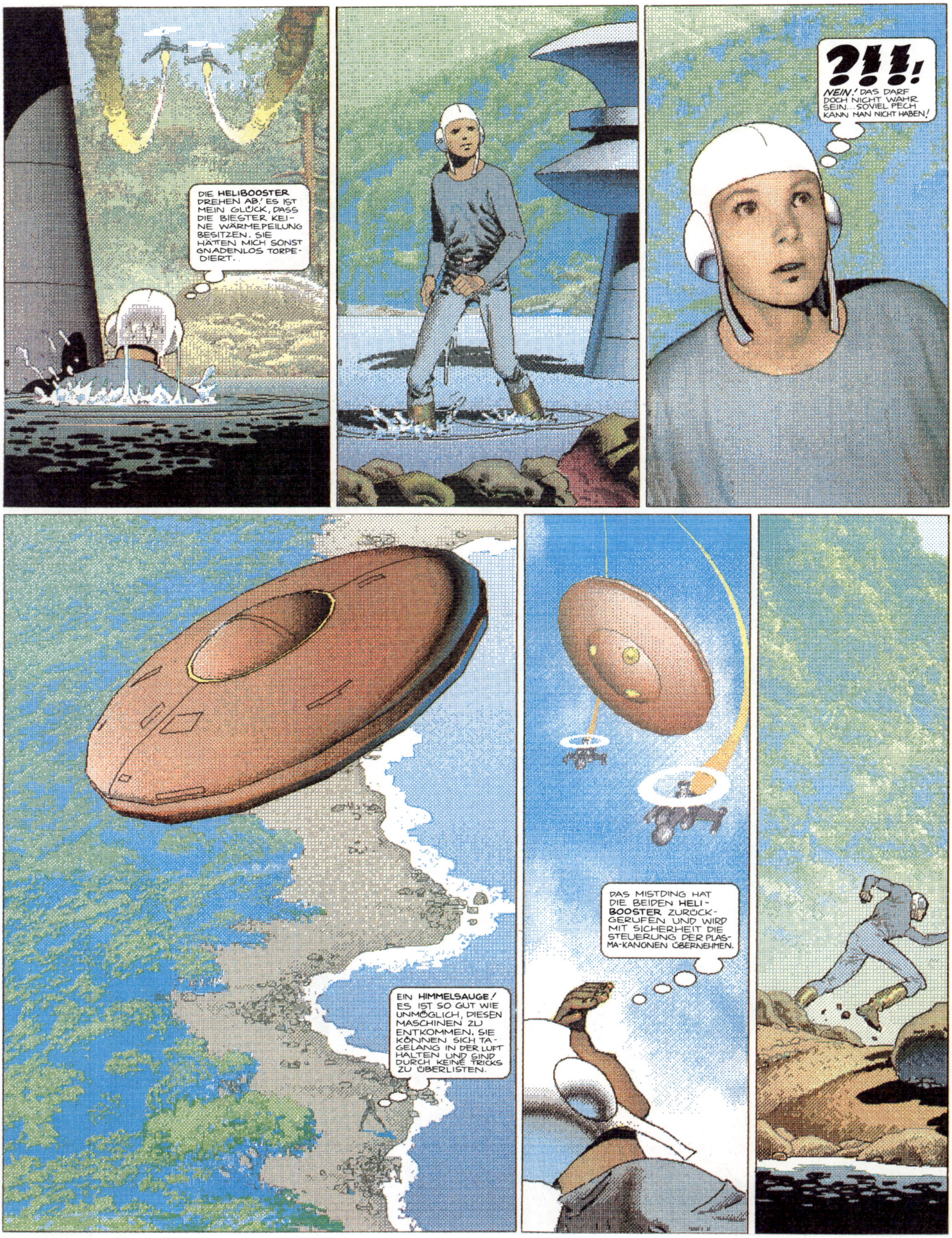
DIE HELIBOOSTER DREHEN AB! ES IST MEIN GLÜCK, DASS DIE BIESTER KEINE WÄRMEPEILUNG BESITZEN. SIE HÄTTEN MICH SONST GNADENLOS TORPEDIERT..
?!!!
NEIN! DAS DARF DOCH NICHT WAHR SEIN... SOVIEL PECH KANN MAN NICHT HABEN!
EIN HIMMELSAUGE! ES IST SO GUT WIE UNMÖGLICH, DIESEN MASCHINEN ZU ENTKOMMEN. SIE KÖNNEN SICH TAGELANG IN DER LUFT HALTEN UND SIND DURCH KEINE TRICKS ZU ÜBERLISTEN.
DAS MISTDING HAT DIE BEIDEN HELIBOOSTER ZURÜCKGERUFEN UND WIRD MIT SICHERHEIT DIE STEUERUNG DER PLASMA-KANONEN ÜBERNEHMEN.

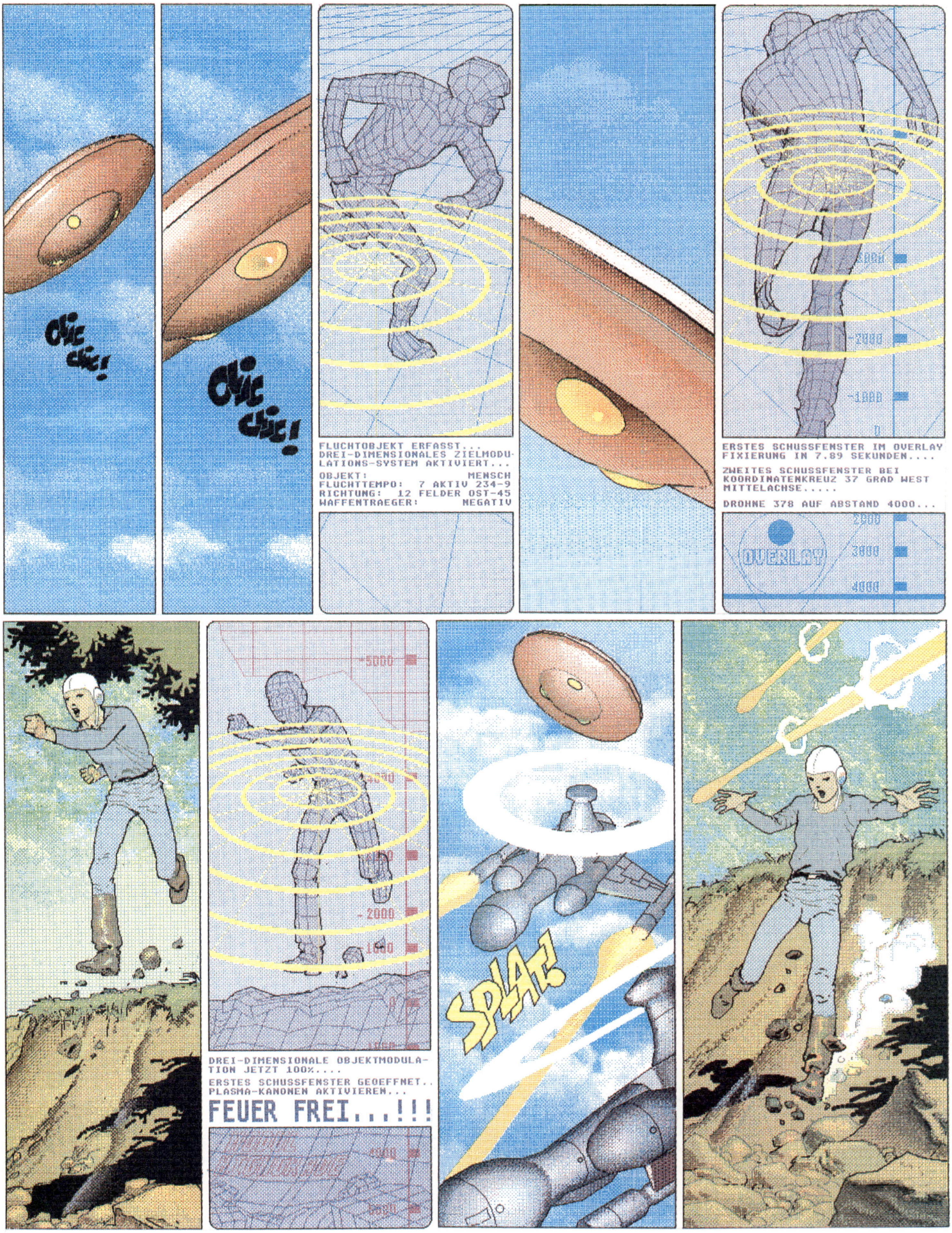
CHIC CHIC!
CHIC CHIC!
FLUCHTOBJEKT ERFASST...
DREI-DIMENSIONALES ZIELMODU-
LATIONS-SYSTEM AKTIVIERT...
OBJEKT: MENSCH
FLUCHTTEMPO: 7 AKTIV 234-9
RICHTUNG: 12 FELDER OST-45
WAFFENTRAEGER: NEGATIV
ERSTES SCHUSSFENSTER IM OVERLAY
FIXIERUNG IN 7.89 SEKUNDEN....
ZWEITES SCHUSSFENSTER BEI
KOORDINATENKREUZ 37 GRAD WEST
MITTELACHSE.....
DROHNE 378 AUF ABSTAND 4000...
OVERLAY
DREI-DIMENSIONALE OBJEKTMODULA-
TION JETZT 100%....
ERSTES SCHUSSFENSTER GEOEFFNET..
PLASMA-KANONEN AKTIVIEREN...
FEUER FREI...!!!
SPLAT!

KIM KIM NORRADS TAGEBUCH.
U.B.O., 22.8. 2412

ES IST NICHT ZU GLAUBEN! DA GIBT ES DOCH TATSÄCHLICH TYPEN, DIE NATURPRODUKTE ZUM KOTZEN FINDEN UND UNSEREN IN WAFFELFORM GEPRESSTEN NOTFRASS BEVORZUGEN. HABE HEUTE ZWEI FRAUEN INTERVIEWT, DIE SICH ZUM **CLUB DER BEKENNER** ZÄHLEN. ES IST IRGENDEINER DIESER ZAHLREICHEN SCHEISSVEREINE, DIE DIESEM HÖHLENDASEIN WAS POSITIVES ABGEWINNEN WOLLEN. IN **BAKER'S FRUITCENTER** HABEN DIESE TYPEN WIE WILD AUF DEN DORT ANGEBOTENEN FRÜCHTEN HERUMGEDROSCHEN. DER LADEN SAH AUS, ALS HÄTTE DORT EINE BOMBE EINGESCHLAGEN. EIN **PATROLMAN** HAT DIE BEIDEN DANN GESTOPPT.
MEIN UNBEKANNTER INFORMANT LEBT NOCH! ER HATTE IN MEINER ABWESENHEIT WIEDER EINE NACHRICHT UNTER DER ZIMMERTÜR DURCHGESCHOBEN. DIE BOTSCHAFT WAR, WIE ÜBLICH IN DIESER **PAPIERLOSEN** WELT DER ELEKTRONISCHEN ZEITUNGEN, IN EIN STÜCK KUNSTSTOFF EINGERITZT: **LEBENSGEFAHR! AUFPASSEN...RACHE AN SCHUSTERLEIN, EAST END, SMALL WAY, 2.9. ABENDS.**
DASS ICH BEDROHT WERDEN KÖNNTE, WAR MIR KLAR, SEIT ICH MICH ENTSCHLOSSEN HATTE, DIE AGGRESSIVEN REPORTS **BRONNERSENS** GEGEN DIE SICHERHEITSKRÄFTE FORTZUSETZEN. ABER JETZT SOLLTE ICH BRONNERSENS SCHICKSAL TEILEN. UND NICHT NUR ICH STAND JETZT AUF IHRER LISTE, SONDERN AUCH JEMAND, DER **SCHUSTERLEIN** HIESS. DOCH JETZT HABE ICH DIE CHANCE, DIE TÄTER IN FLAGRANTI ZU ERTAPPEN UND ZU ÜBERFÜHREN. MUSS MORGEN MEINEN CHEF EINWEIHEN. WIRD ALLES ZU GEFÄHRLICH.

KIM KIM NORRADS TAGEBUCH.
U.B.O., 23. 8. 2412

HEUTE MITTAG HAT MAN AUF OFFENER STRASSE AUF MICH **GESCHOSSEN**! ICH SITZE HIER IN DER REDAKTION; ZU MEINER WOHNUNG ZURÜCKZUKEHREN, HABE ICH MICH NICHT MEHR GETRAUT. LAUERN DA VIELLEICHT AUF MICH. MEINE HÄNDE ZITTERN BEIM SCHREIBEN DIESER ZEILEN.
HABE ELSA ANGERUFEN UND IHR ERZÄHLT, ICH MÜSSTE WIEDER EINMAL IM ARCHIV RECHERCHIEREN.
ALS ICH HEUTE GEGEN MITTAG DIE REDAKTION VERLIESS, UM MEINEN FREIEN NACHMITTAG DEM BODYBUILDING ZU WIDMEN, FIEL MIR EIN **PATROLMAN** AUF, DER MIR IN EINIGER ENTFERNUNG LANGSAM FOLGTE. ANFANGS HABE ICH DAS FÜR EINEN ZUFALL GEHALTEN. VIELLEICHT HATTE ER NUR DIE GLEICHE ROUTE WIE ICH. HABE DANN TESTWEISE EINIGE HAKEN GESCHLAGEN UND DABEI BEMERKT, DASS ER MIR HARTNÄCKIG AUF DEN FERSEN BLIEB.
IN DER ZIEMLICH ÜBERFÜLLTEN **BAD MOON AVENUE** IST DER TYP MIR DANN AUF DIE PELLE GERÜCKT UND HAT GEGRÖLT: "HALTET DEN SAUHUND! ER HAT SOEBEN EINEN RAUBMORD BEGANGEN!" EIN PAAR PASSANTEN GRIFFEN SOFORT NACH MIR, BEKAMEN MICH ABER NICHT ZU FASSEN, WEIL ICH IN DIESEM MOMENT ZU SPURTEN ANFING. DA HAT DIESER SCHEISS-GREIFER DANN PLÖTZLICH SEINE WAFFE GEZOGEN UND AUF MICH GESCHOSSEN. IHM WAR ES OFFENBAR VÖLLIG WURSCHT, DABEI AUCH UNBETEILIGTE ZU TREFFEN. IN MEINER PANIK HABE ICH MICH MIT EINEM RIESENSPRUNG VON DER BALUSTRADE IN SICHERHEIT GEBRACHT UND BIN WIE EIN WAHNSINNIGER DURCH DIE MENSCHENMENGE GERAST, BIS ICH SCHLIESSLICH VÖLLIG ERSCHÖPFT IM **WESTEND** ANKAM.

ICH HABE MICH DORT DANN IN DIE FINSTERSTE ECKE EINER ALTEN SPELUNKE GEHOCKT UND EIN PAAR **SCRINNIES** GETRUNKEN. SPÄT ABENDS BIN ICH DANN IN DIE REDAKTION ZURÜCKGESCHLICHEN. HABE EBEN DIE SEIT VIER JAHREN VERSCHLOSSENE UNTERSTE SCHUBLADE MEINES SCHREIBTISCHES WIEDER GEÖFFNET UND DIE ALTE **HOLT & KRAMER 45 PEACEMAKER** HERVORGEKRAMT.
ICH WERDE MORGEN FRÜH DIE WICHTIGSTEN LEUTE DER REDAKTION EINWEIHEN. NUR GEMEINSAM HABEN WIR EINE CHANCE, DIESEN TERROR ZU STOPPEN.

DAS SUMPFGEBIET IM PLANQUADRAT 45...
ERREICHEN IN 7 MINUTEN 12 SEKUNDEN DAS ZIELGEBIET. TURBINEN AUF SINKFLUG. MINIMALE FLUGHÖHE: 1400 METER ÜBER WASSERSPIEGEL.
DIE DREI FLYING-TOWER-AUFKLÄRER SOLLEN 2000 METER ABSTAND VON DER STATION HALTEN UND HALBKREISFÖRMIGE POSITION EINNEHMEN.
DA SIND DIE FLYING TOWERS. SIE HABEN BEREITS EINE HALBKREISFORMATION EINGENOMMEN.
KURZ DARAUF...
WIR SIND JETZT NAHE GENUG DRAN. ALLE ANDEREN SCHIFFE NÄHERN SICH LANGSAM BIS AUF 400 METER. KANONEN SCHUSSBEREIT AKTIVIEREN.
ICH HABE JETZT ZOOMKONTAKT MIT DEM EINSCHUSSTRICHTER IM STATIONSSOCKEL. DA TUT SICH WAS...
LEGT DAS BILD AUF DAS SUPER-SCOPE. ICH SCHÄTZE, JETZT WIRD'S SPANNEND.

TATSÄCHLICH... ER KOMMT HERAUS, UM SEIN BOOT HERANZUZIEHEN. AUS SEINEM UNBEKÜMMERTEM VERHALTEN IST ZU SCHLIESSEN, DASS DER TYP UNSERE AN-WESENHEIT NOCH NICHT BEMERKT HAT.
UNSER GEGNER SIEHT NICHT SEHR FURCHT-EINFLÖSSEND AUS. ER TRÄGT DIE BEI KINGOO-FIGHTERN ÜBLICHE VERKLEIDUNG. SOFORT WÄRMEANALYSEMESSUNG DURCHFÜHREN.
DA! JETZT HAT ER UNSERE SCHIFFE ENTDECKT. BIN GESPANNT, WIE ER JETZT REAGIERT.
ER ZIEHT SICH WIEDER ZURÜCK! ANGESICHTS DIESER ÜBERMACHT BLEIBT IHM JA WOHL AUCH NICHTS ANDERES ÜBRIG.
WÄRMEANALYSE NEGATIV! ER SCHEINT ÜBER EINE ABSOLUT PERFEKTE ABSCHIRMUNG ZU VERFÜGEN.
ABER... DAS IST UNMÖGLICH! ES IST DOCH EINWANDFREI ZU ERKENNEN, DASS TEILE SEINER GESICHTSPARTIE UND DES OBERKÖRPERS BLOSSLIEGEN. ER MUSS WÄRME ABSTRAHLEN.
AKTIVIERT DIE PLASMA-BOOSTER VON SCHIFF FLYING TOWER-FT 112.
ZERSTÖRT SEIN LÄCHERLICHES „BÖTCHEN". ER SOLL WISSEN, MIT WEM ER ES JETZT ZU TUN HAT, UND DASS SEINE FLUCHTCHANCEN GLEICH NULL SIND.
B-BLAM!
BROFF!
DAS MUTTERSCHIFF SOLL AN DIE DSCHUNGELSTATION ANDOCKEN. DIE DORT STATIONIERTEN FÜNF CUBE-HEADROBOTS VOM TYP "PRIVATE KILLER" SOLLEN IN DIE STATION EINDRINGEN. SOBALD SIE DRIN SIND, SOLLEN SIE IHRE VIDEO-AUGEN AKTIVIEREN.

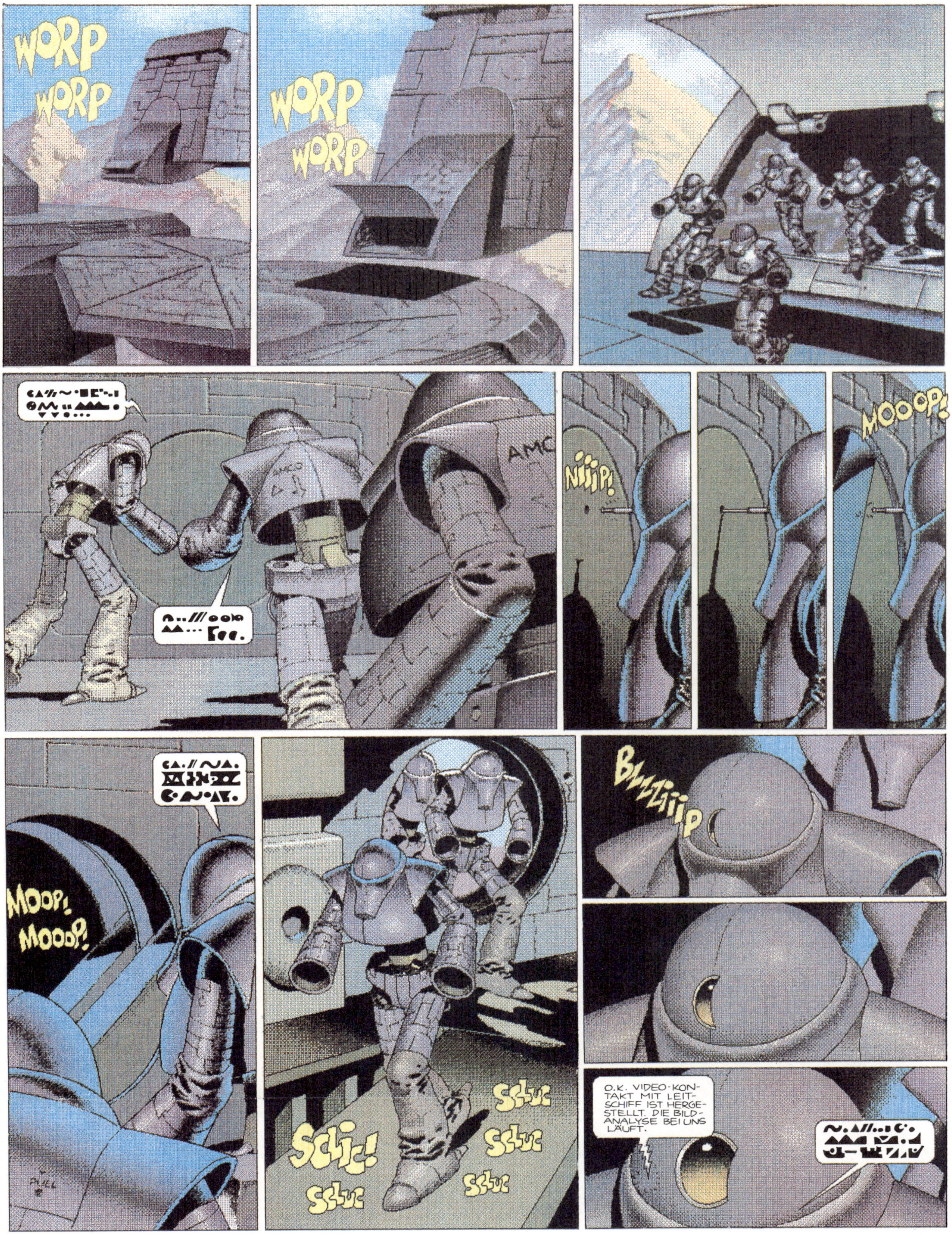
WORP
WORP
WORP
WORP
AMC
NIIIP!
MOOOP!
MOOP! MOOOP!
BLZZIIIP
SCLUC
SCLIC!
SCLUC
SCLUC
SCLUC
O.K. VIDEO-KONTAKT MIT LEITSCHIFF IST HERGESTELLT. DIE BILDANALYSE BEI UNS LÄUFT.

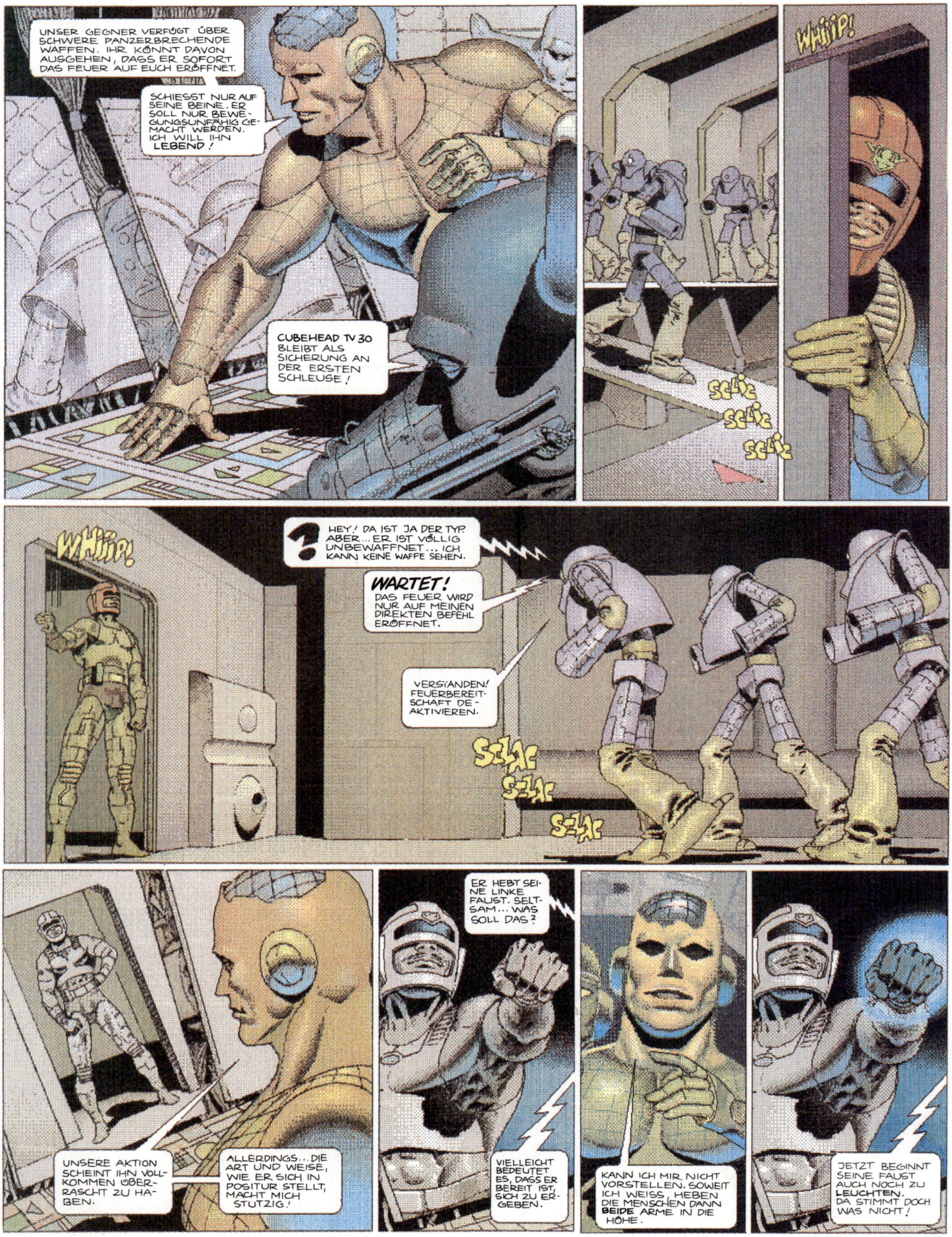

UNSER GEGNER VERFÜGT ÜBER SCHWERE PANZERBRECHENDE WAFFEN. IHR KÖNNT DAVON AUSGEHEN, DASS ER SOFORT DAS FEUER AUF EUCH ERÖFFNET.
SCHIESST NUR AUF SEINE BEINE. ER SOLL NUR BEWEGUNGSUNFÄHIG GEMACHT WERDEN. ICH WILL IHN LEBEND!
CUBEHEAD TV 30 BLEIBT ALS SICHERUNG AN DER ERSTEN SCHLEUSE!
WHIIIP!
SCLIC
SCLIC
SCLIC
WHIIIP!
HEY! DA IST JA DER TYP. ABER... ER IST VÖLLIG UNBEWAFFNET... ICH KANN KEINE WAFFE SEHEN.
WARTET! DAS FEUER WIRD NUR AUF MEINEN DIREKTEN BEFEHL ERÖFFNET.
VERSTANDEN! FEUERBEREITSCHAFT DEAKTIVIEREN.
SCLAC
SCLAC
SCLAC
UNSERE AKTION SCHEINT IHN VOLLKOMMEN ÜBERRASCHT ZU HABEN.
ALLERDINGS... DIE ART UND WEISE, WIE ER SICH IN POSITUR STELLT, MACHT MICH STUTZIG!
ER HEBT SEINE LINKE FAUST. SELTSAM... WAS SOLL DAS?
VIELLEICHT BEDEUTET ES, DASS ER BEREIT IST, SICH ZU ERGEBEN.
KANN ICH MIR NICHT VORSTELLEN. SOWEIT ICH WEISS, HEBEN DIE MENSCHEN DANN BEIDE ARME IN DIE HÖHE.
JETZT BEGINNT SEINE FAUST AUCH NOCH ZU LEUCHTEN. DA STIMMT DOCH WAS NICHT!

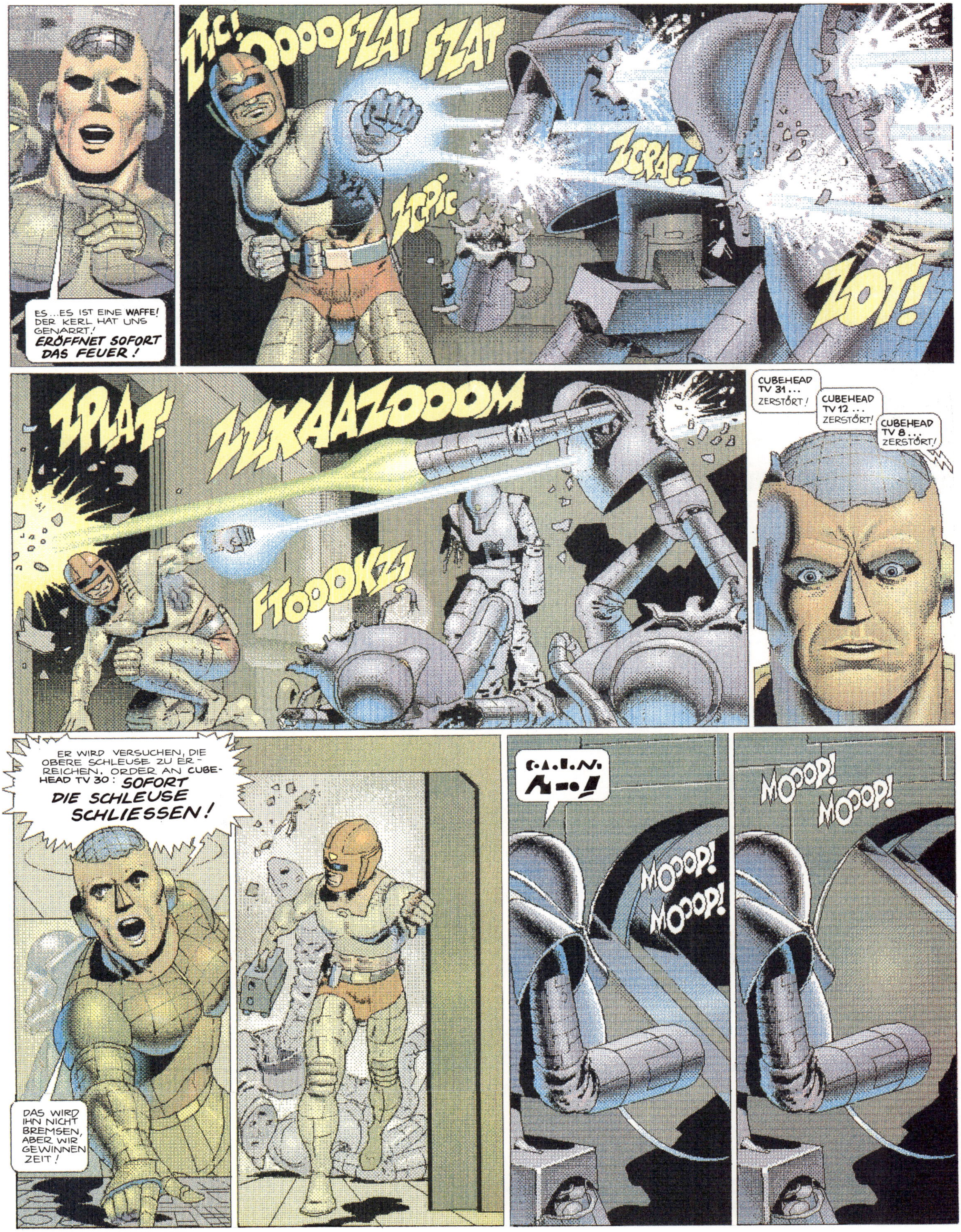
ZZIC!
OOOOFZAT
FZAT
ZZCRAC!
ZZCPIC
ZOT!
ES ... ES IST EINE WAFFE! DER KERL HAT UNS GENARRT! ERÖFFNET SOFORT DAS FEUER!
ZPLAT!
ZZKAAZOOOM
FTOOOKZ!
CUBEHEAD TV 31 ... ZERSTÖRT!
CUBEHEAD TV 12 ... ZERSTÖRT!
CUBEHEAD TV 8 ... ZERSTÖRT!
ER WIRD VERSUCHEN, DIE OBERE SCHLEUSE ZU ERREICHEN. ORDER AN CUBEHEAD TV 30: SOFORT DIE SCHLEUSE SCHLIESSEN!
DAS WIRD IHN NICHT BREMSEN, ABER WIR GEWINNEN ZEIT!
C.A.I.N.
MOOOP! MOOOP!
MOOOP! MOOOP!

ZCRAK!
MOOOP MOOOP!
PLIP
ZCRIIIC!
HUSSEL
HUSSEL
HUSSEL
MOOOP
MOOOP
ER WILL AUFS SCHIFF! SOFORT ABHEBEN UND DIE LADELUKE SCHLIESSEN! MACHT SCHNELL!
WORP! WORP!
WORP WORP

ERSTAUNLICH! ER HAT ES TATSÄCHLICH GESCHAFFT. ABER LEIDER HAT ER NICHT BEDACHT, DASS DIE HYDRAULIK DES LADETORS IHM DEN ARM ZERQUETSCHEN WIRD.
ZTOK!
UNSER GEGNER HAT AUCH DIESE HÜRDE SPIELEND GENOMMEN.
DAS FASZINIERENDSTE ABER IST SEINE **WAFFE**. WIE MACHT ER DAS NUR? AUS SEINER GEBALLTEN FAUST SCHIESST EIN GELENKTES BÜNDEL REINER ENERGIE, OHNE DAS ZELLGEWEBE SEINER FINGER ZU VERBRENNEN.
UNSER VIDEOANALYSESYSTEM HAT DEN GEGENSTAND, DEN DIESER MENSCH BEI SICH FÜHRT, EINDEUTIG ALS DEN **CONTROLER** AUS DER...
...STEUERZENTRALE DER DSCHUNGELSTATION IDENTIFIZIERT!
VERDAMMT! JETZT **MÜSSEN** WIR IHN KRIEGEN! VERRIEGELT SOFORT ALLE SEKTOREN DES SCHIFFES UND LANDET IM SUMPF. WENN IHR AUFGESETZT HABT, SPRENGT SOFORT DIE TRIEBWERKE.
ABER...DAS TONNENSCHWERE SCHIFF WIRD IM SUMPF VERSINKEN!
DAS RISIKO GEHE ICH GERNE EIN! DAS MUTTERSCHIFF MUSS FLUGUNFÄHIG GEMACHT WERDEN. WIR MÜSSEN UNSEREN **GEGNER** HIER FESTNAGELN. ER DARF UNS NICHT NOCH EINMAL ENTKOMMEN!
VERSTANDEN! ALLE SEKTOREN SIND GESCHLOSSEN. DIE **FLYING TOWER FT-108** BEFINDET SICH IM SINKFLUG.
WORP WORP

DAS SCHIFF VERSINKT! ES NEIGT SICH EXTREM NACH RECHTS. WIR LAUFEN GEFAHR, UMZUSTÜRZEN.
SPRENGT ENDLICH DIE TURBINEN! MACHT SCHON!
BLAM!
IN WELCHEM BEREICH DES SCHIFFES BEFINDET SICH UNSER GEGNER JETZT?
WIR WISSEN ES NICHT! UNSERE VIDEO- UND SONARSYSTEME ZEIGEN UNS DEN KLEINSTEN WINKEL JEDES SEKTORS, ABER ER IST NIRGENDS ZU ENTDECKEN.
WAS IST DAS FÜR EIN UNSINN! ER KANN SICH DOCH NICHT IN LUFT AUFGELÖST HABEN.
ER MUSS IM SCHIFF SEIN! PRÜFT NACH, WELCHE SEKTOREN ER BEREITS GEWALTSAM GEÖFFNET HAT. DIE SICHERUNGSSYSTEME SIND NICHT ZU ÜBERLISTEN UND ZEIGEN JEDEN DEFEKT AN.
SICHERUNGSSYSTEME ÜBERPRÜFT. ES WURDE NICHT EIN SEKTOR GEWALTSAM GEÖFFNET!
HM... AM TIEFSTEN EINGESUNKEN IST DER VORDERE FRACHTRAUM.
ER KANN SICH NUR DURCH DESSEN ZERSTÖRTE LADELUKE IN DAS SUMPFDICKICHT ABGESETZT HABEN, NACHDEM IHM KLAR WURDE, DASS DAS SCHIFF ALS FLUCHTMÖGLICHKEIT AUSSCHEIDET.
DA DER TYP MIT WÄRMESENSOREN NICHT ZU ENTDECKEN IST, BRAUCHEN WIR EINE SUPER-SONARPEILUNG. DIE ABER BESITZEN BISHER NUR UNSERE SKY-WATCHER. IST SO EIN DING IN DER NÄHE?
LEIDER NICHT. DER IN DIESEM PLANQUADRAT INSTALLIERTE SKY-WATCHER SW-201 IST VOR 24 MINUTEN VON EINEM DSCHUNGELSENSOR ABGERUFEN WORDEN. ER STEUERT ZWEI HELIBOOSTER BEI DER JAGD AUF EINEN MENSCHEN.
DER SKY-WATCHER IST DERZEIT 47 MEILEN ENTFERNT. MODELLE DER HA-SERIE FLIEGEN MIT MEHRFACHER SCHALLGESCHWINDIGKEIT. DAS DING WÄRE IN 46 SEKUNDEN HIER.
OBJEKTMODULATION
TYP: ROBOT
SERIE: HA12345
SOLAR-SCANNER
FLUGZEIT: 4679
VERBRAUCHT: 2351
GUT... SOFORT HERBEORDERN. DIE JAGD AUF UNSEREN SUPER-GEGNER IST WICHTIGER...
...ALS DIE JAGD AUF EINEN UNBEDEUTENDEN MENSCHEN, DER NOCH NICHT EINMAL EINE WAFFE TRÄGT.
OBJEKTMODULATION
TYP: MENSCH
WAFFENTRAEGER:
...NEGATIV
KOORDINATEN:23-1
FLUCHTTEMPO:8-8-3
DER TYP SITZT JEDENFALLS IN DER FALLE. ER HAT NICHT MEHR DIE GERINGSTE CHANCE, AUS UNSERER UMKLAMMERUNG ZU ENTKOMMEN.

WHIIIIP
WHIIIIP
?
ICH FASSE ES NICHT! DAS MISTDING IST VERSCHWUNDEN. UND DIE BEIDEN **HELI-BOOSTER** HABEN AUCH DAS WEITE GESUCHT!
ES IST WIRKLICH VERBLÜFFEND! EIN **AUGE DES HIMMELS** BRICHT OHNE ZWINGENDEN GRUND DIE JAGD AUF EINEN MENSCHEN AB! WIE KOMME ICH JETZT ZURÜCK ZUM FLUSS? ICH KENNE MICH IN DIESER GEGEND NICHT AUS.
HM... DIE EINFACHSTE LÖSUNG WÄRE WOHL, IN DAS OBERSTE STOCKWERK DES HÖCHSTEN GEBÄUDES DIESER GEISTERSTADT ZU STEIGEN UND SICH ZU ORIENTIEREN.
GIB NICHT SO AN, **BUBBLES**. WAS DU KANNST..HIPS... ..KANN ICH GENAUSO GUT..HIPS.... WENN NICHT NOCH BESSER. SIEHST DU DAS GRÜNZEUG DA DRAUSSEN? PASS AUF, ICH DREH MICH JETZT...HIPS...MIT DEM RÜCKEN ZUM EINGANG.
?
DANN WIRBEL ICH HERUM, ZIEH IN SEKUNDENBRUCHTEILEN MEINE PLEMPE, UND...
FZAT!
VOLLTREFFER! HA...HASSU GESEH N...HIPS..? DAS MACH ERST MAL NACH.

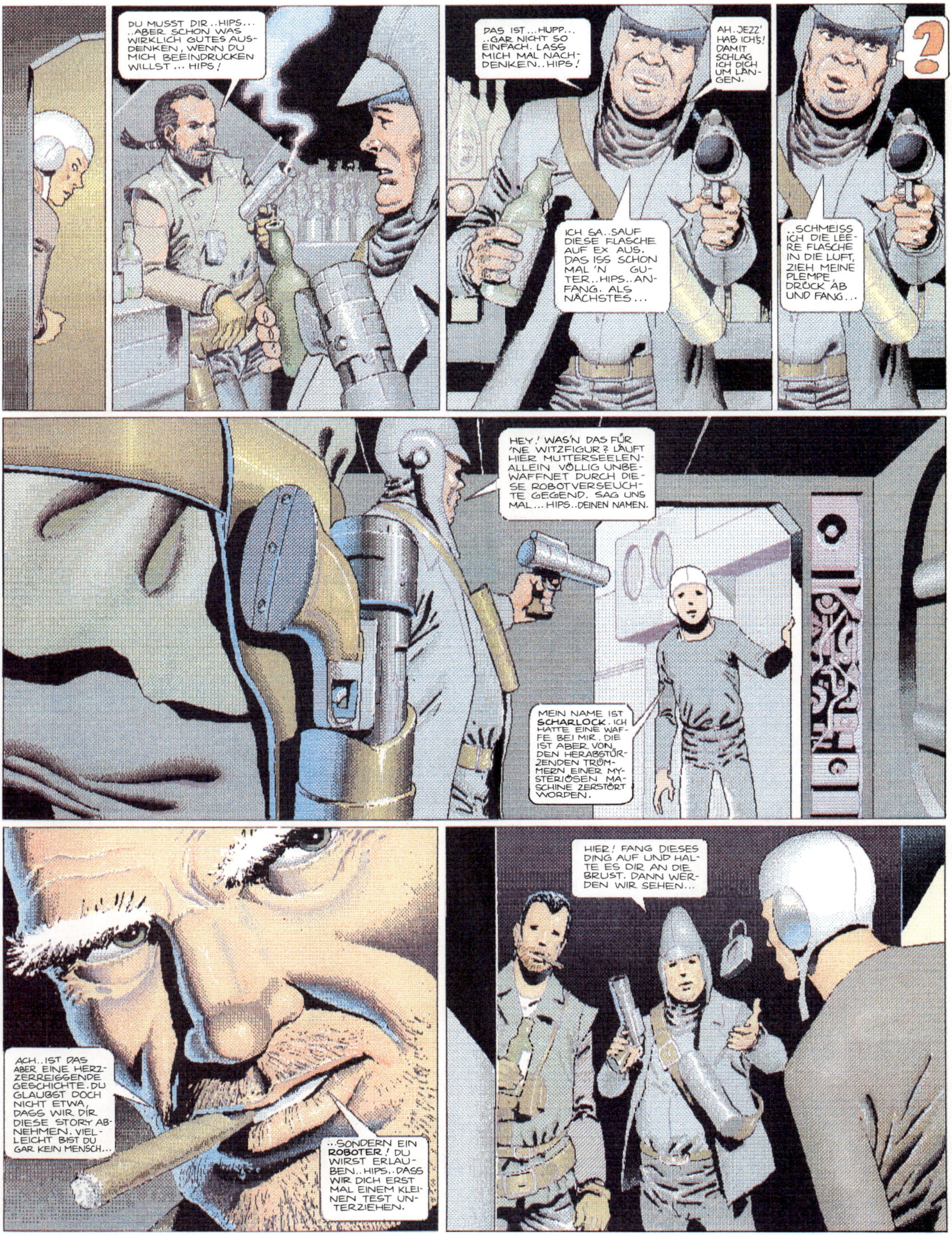
DU MUSST DIR..HIPS... ..ABER SCHON WAS WIRKLICH GUTES AUSDENKEN, WENN DU MICH BEEINDRUCKEN WILLST ... HIPS!
DAS IST...HUPP... ..GAR NICHT SO EINFACH. LASS MICH MAL NACHDENKEN..HIPS!
AH..JEZZ' HAB ICH'S! DAMIT SCHLAG ICH DICH UM LÄNGEN.
ICH SA..SAUF DIESE FLASCHE AUF EX AUS. DAS ISS SCHON MAL 'N GUTER..HIPS..ANFANG. ALS NÄCHSTES...
?
..SCHMEISS ICH DIE LEERE FLASCHE IN DIE LUFT, ZIEH MEINE PLEMPE, DRÜCK AB UND FANG...
HEY! WAS'N DAS FÜR 'NE WITZFIGUR? LÄUFT HIER MUTTERSEELENALLEIN VÖLLIG UNBEWAFFNET DURCH DIESE ROBOTVERSEUCHTE GEGEND. SAG UNS MAL...HIPS..DEINEN NAMEN.
MEIN NAME IST **SCHARLOCK**. ICH HATTE EINE WAFFE BEI MIR. DIE IST ABER VON DEN HERABSTÜRZENDEN TRÜMMERN EINER MYSTERIÖSEN MASCHINE ZERSTÖRT WORDEN.
ACH..IST DAS ABER EINE HERZZERREISSENDE GESCHICHTE. DU GLAUBST DOCH NICHT ETWA, DASS WIR DIR DIESE STORY ABNEHMEN. VIELLEICHT BIST DU GAR KEIN MENSCH...
..SONDERN EIN **ROBOTER**! DU WIRST ERLAUBEN..HIPS..DASS WIR DICH ERST MAL EINEM KLEINEN TEST UNTERZIEHEN.
HIER! FANG DIESES DING AUF UND HALTE ES DIR AN DIE BRUST. DANN WERDEN WIR SEHEN...

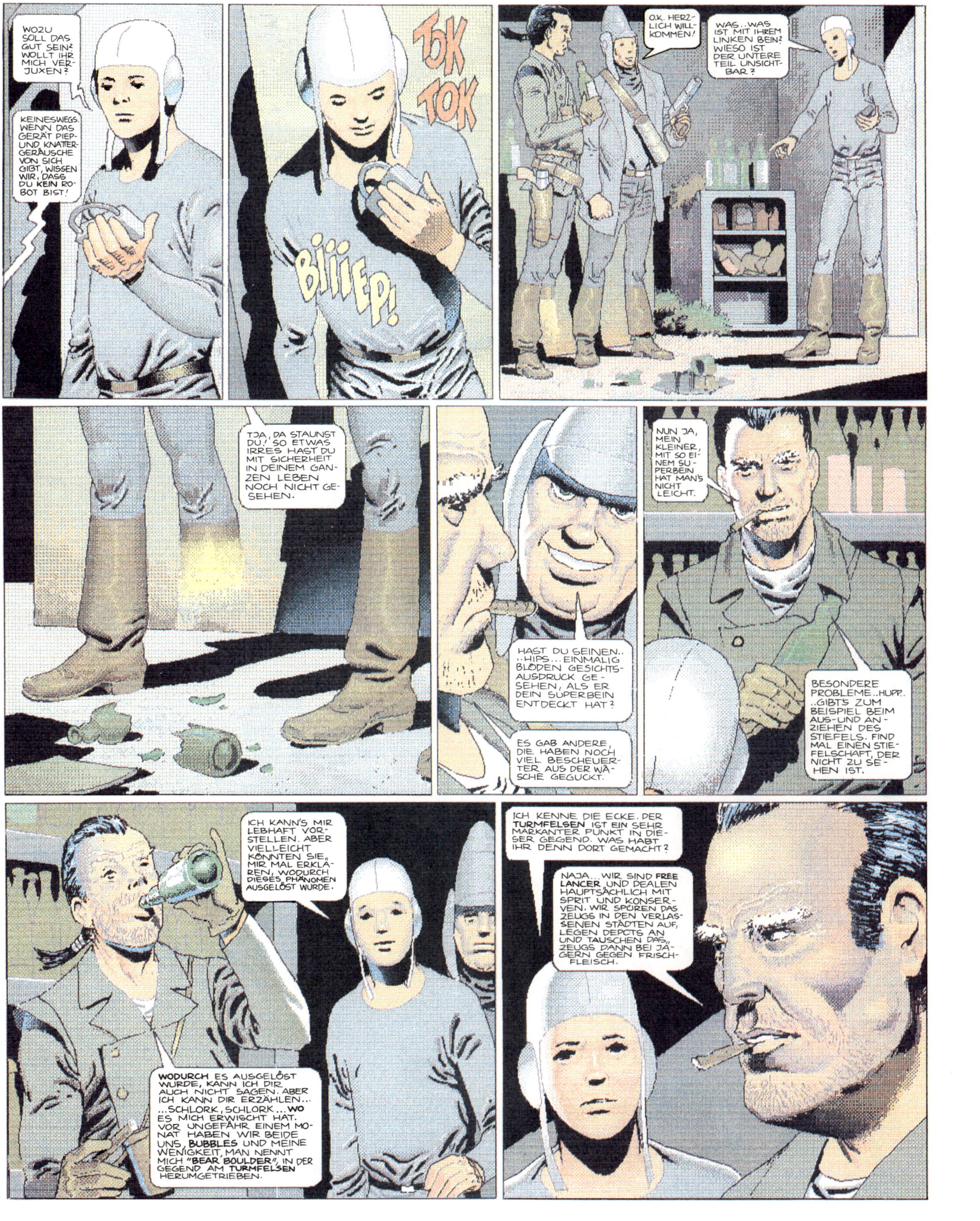
WOZU SOLL DAS GUT SEIN? WOLLT IHR MICH VERJUXEN?
KEINESWEGS. WENN DAS GERÄT PIEP- UND KNATTERGERÄUSCHE VON SICH GIBT, WISSEN WIR, DASS DU **KEIN** ROBOT BIST!
TOK TOK
BIIIEP!
O.K. HERZLICH WILLKOMMEN!
WAS..WAS IST MIT IHREM LINKEN BEIN? WIESO IST DER UNTERE TEIL UNSICHTBAR?
TJA, DA STAUNST DU! SO ETWAS IRRES HAST DU MIT SICHERHEIT IN DEINEM GANZEN LEBEN NOCH NICHT GESEHEN.
HAST DU SEINEN.. ..HIPS... EINMALIG BLÖDEN GESICHTSAUSDRUCK GESEHEN, ALS ER DEIN SUPERBEIN ENTDECKT HAT?
ES GAB ANDERE, DIE HABEN NOCH VIEL BESCHEUERTER AUS DER WÄSCHE GEGUCKT.
NUN JA, MEIN KLEINER, MIT SO EINEM SUPERBEIN HAT MAN'S NICHT LEICHT.
BESONDERE PROBLEME..HUPP.. ..GIBT'S ZUM BEISPIEL BEIM AUS- UND ANZIEHEN DES STIEFELS. FIND MAL EINEN STIEFELSCHAFT, DER NICHT ZU SEHEN IST.
ICH KANN'S MIR LEBHAFT VORSTELLEN. ABER VIELLEICHT KÖNNTEN SIE MIR MAL ERKLÄREN, WODURCH DIESES PHÄNOMEN AUSGELÖST WURDE.
WODURCH ES AUSGELÖST WURDE, KANN ICH DIR AUCH NICHT SAGEN. ABER ICH KANN DIR ERZÄHLEN... ...SCHLORK, SCHLORK... **WO** ES MICH ERWISCHT HAT. VOR UNGEFÄHR EINEM MONAT HABEN WIR BEIDE UNS, **BUBBLES** UND MEINE WENIGKEIT, MAN NENNT MICH **"BEAR BOULDER"**, IN DER GEGEND AM **TURMFELSEN** HERUMGETRIEBEN.
ICH KENNE DIE ECKE. DER **TURMFELSEN** IST EIN SEHR MARKANTER PUNKT IN DIESER GEGEND. WAS HABT IHR DENN DORT GEMACHT?
NAJA... WIR SIND **FREE LANCER** UND DEALEN HAUPTSÄCHLICH MIT SPRIT UND KONSERVEN. WIR SPÜREN DAS ZEUGS IN DEN VERLASSENEN STÄDTEN AUF, LEGEN DEPOTS AN UND TAUSCHEN DAS ZEUGS DANN BEI JÄGERN GEGEN FRISCHFLEISCH.

BUBBLES HATTE EINEN URALTEN GELÄNDEPLAN GEFUNDEN. IN DER GEGEND BEIM TURMFELSEN HATTE FRÜHER, NACH DEN ANGABEN DER KARTE, EINE SCHNAPSBRENNEREI GESTANDEN.
WIR SIND ALSO DORT..HIPS..EIN BISSCHEN HERUMGELATSCHT UND HABEN GESUCHT. VON DER SPRITDESTILLE WAR NICHTS ZU SEHEN.
DAFÜR KLAFFTE AN DIESER STELLE EINE RIESIGE ERDSPALTE. VIELLEICHT HAT'S DA VOR KURZEM EIN ERDBEBEN GEGEBEN ODER SO.
NAJA...HUPP...JEDENFALLS SAH DAS ERDREICH FRISCH AUFGEBROCHEN AUS. AM BODEN DER SPALTE KONNTEN WIR EINE HÖHLE ERKENNEN. HÖHLEN HABEN MICH SCHON IMMER FASZINIERT. BUBBLES HAT GESICHERT, UND ICH BIN RUNTERGESTIEGEN, UM MIR DIE SACHE MAL GENAUER ANZUSEHEN. DIE HÖHLE, DAS SAH ICH GLEICH, WAR NICHT NATÜRLICHEN URSPRUNGS.
SIE WAR BETONARTIG AUSGEKLEIDET UND MUSSTE ÜBER GEWALTIGE DIMENSIONEN VERFÜGEN, DENN DER HÖHLENBODEN HATTE DAS AUSSEHEN EINER STRASSE, DIE IN DIE UNENDLICHKEIT ZU REICHEN SCHIEN.
ES WAR VERRÜCKT! DIE HÖHLE HATTE SCHIER UNENDLICHE AUSMASSE. ICH WAR ZUNÄCHST VÖLLIG PERPLEX!
DANN FASSTE ICH MICH WIEDER UND BEGANN, EIN STÜCK AUF DIESER SELTSAMEN STRASSE HERUMZULATSCHEN. RECHTS UND LINKS WAREN SELTSAME PFEILER...
JETZT...HUPP...MACH'S DOCH NICHT SO SPANNEND UND KOMM ENDLICH ZUR SACHE! UNSER JUNGER FREUND SETZT SONST SCHIMMEL AN..HUPS... DU HAST EINE ART MARKIERUNGSLINIE ÜBERSCHRITTEN, UND DA FING DEIN LINKES BEIN ZU LEUCHTEN AN.
GENAU! DER RECHTE FUSS BEFAND SICH NOCH VOR DIESER LINIE. ICH ZOG MEIN LINKES BEIN SOFORT ZURÜCK. ABER DAS LEUCHTEN WURDE IMMER STÄRKER, BIS SCHLIESSLICH DIE KONTUREN DER UNTEREN BEINHÄLFTE VERSCHWANDEN. WEISS DER SATAN, IN WAS FÜR EINE HÖLLENMASCHINE ICH DORT GERATEN BIN!
MICH STÖRT'S NICHT WEITER. DAS BEIN SCHMERZT NICHT, UND ES VERSIEHT SEINEN DIENST GENAUSO EINWANDFREI WIE DAS RECHTE BEIN.
DEIN MUND MUSS DOCH...HUPP. VON DIESEM VIELEN GESÜLZE GANZ TROCKEN SEIN. ICH SUCH DIR 'NEN GUTEN TROPFEN ZUM NACHSPÜLEN RAUS...HIPS..
EIN BOMBCAR! SPRING BEISEITE, SCHARLOCK!

PFIIIUUH! DAS WAR KNAPP. ICH KENNE DIESE RASENDEN MINI-BOMBEN. SIE ORIENTIEREN SICH AN DER KÖRPERTEMPERATUR DES MENSCHEN.
SIE RAMMEN SICH MIT IHREN STACHELN IN DEINEN FUSS, KRALLEN SICH FEST, UND DANN MACHT'S BUMM!
WHIIIP
WHIIP
DAS BIEST HIER IM RAUM ABZUKNIPSEN IST ZU GEFÄHRLICH. WIR KÖNNTEN MIT DRAUFGEHEN. ALSO LASST UNS SCHWEREN HERZENS DIESEN WEINSELIGEN ORT VERLASSEN.
HEILIGES WHISKYFASS!
SHIT!
ICH VERSTEHE NICHT, WARUM IHR SO ERBÄRMLICH FLUCHT. DAS SIND DOCH ENDLICH MAL WIEDER RICHTIGE ZIELE. DA KANN MAN.. HUPP.. DOCH VOLL DRAUFHALTEN.
VORSICHT! DAS ERSTE BOMBCAR KEHRT ZURÜCK!
DAS BIEST SOLL SICH BEEILEN. ICH GLAUBE NICHT, DASS DIE ANDEREN SICH MIT DEM ANGREIFEN NOCH LANGE ZEIT LASSEN.
ZURÜCK, VOLLE DEKKUNG, UND DANN KANN DAS PREISSCHIESSEN BEGINNEN.
ABER GERECHT AUFTEILEN. DU NIMMST DIE ERSTEN, ICH DIE LETZTEN DREI AUFS KORN.

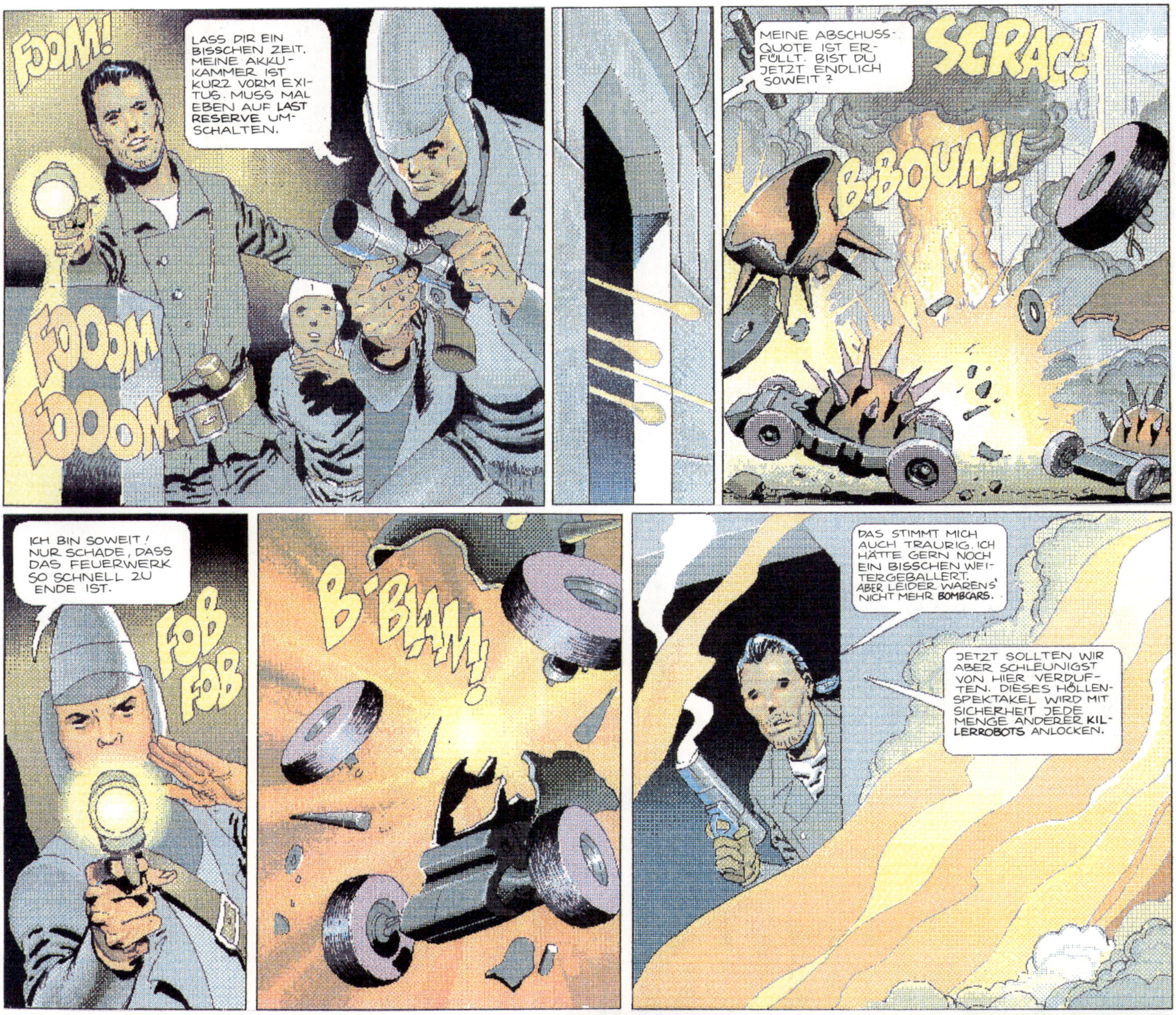

BEAR BOULDER UND **BUBBLES** VERSPRACHEN **SCHARLOCK,** IHN FLUSSAUFWÄRTS DORTHIN ZU BEGLEITEN, WO ER SICH MIT **HIGGENDAU-DU** UND **MERRYL** TREFFEN WOLLTE. UM AN DEN FLUSS ZU GELANGEN, BRAUCHTEN SIE NUR DEN RIESIGEN ABWASSERROHREN ZU FOLGEN, DIE SICH KILOMETERWEIT DURCH DIE VERLASSENE STADT ZOGEN. DAS **IMPERIUM** HATTE WIEDER MAL DUTZENDE VON SOGENANNTEN **DSCHUNGELSENSOREN** AUFGESTELLT, DIE JETZT UNTER LAUTEM GEJAUCHZE ABWECHSELND VON ALLEN DREIEN MIT GEKONNTEN SCHÜSSEN ZERSTÖRT WURDEN. ALS SIE DIE EHEMALIGEN SLUMS DIESER GEISTERSTADT DURCHQUERTEN, WATETEN IHRE STIEFEL DURCH RIESIGE HALDEN GEBLEICHTER SCHÄDEL UND SKELETTE. DIE SLUMBEWOHNER ALLER STÄDTE UND METROPOLEN WAREN ZUR ZEIT DES LEGENDÄREN **ROBOT-MASSAKERS** DIE WEHRLOSESTEN VON ALLEN. HIER HATTEN DIE **KILLER-MASCHINEN** DES IMPERIUMS AUF UNVORSTELLBARE WEISE GEWÜTET.

SCHLIESSLICH NÄHERTEN SIE SICH DEM ENDE IHRES MARSCHES...

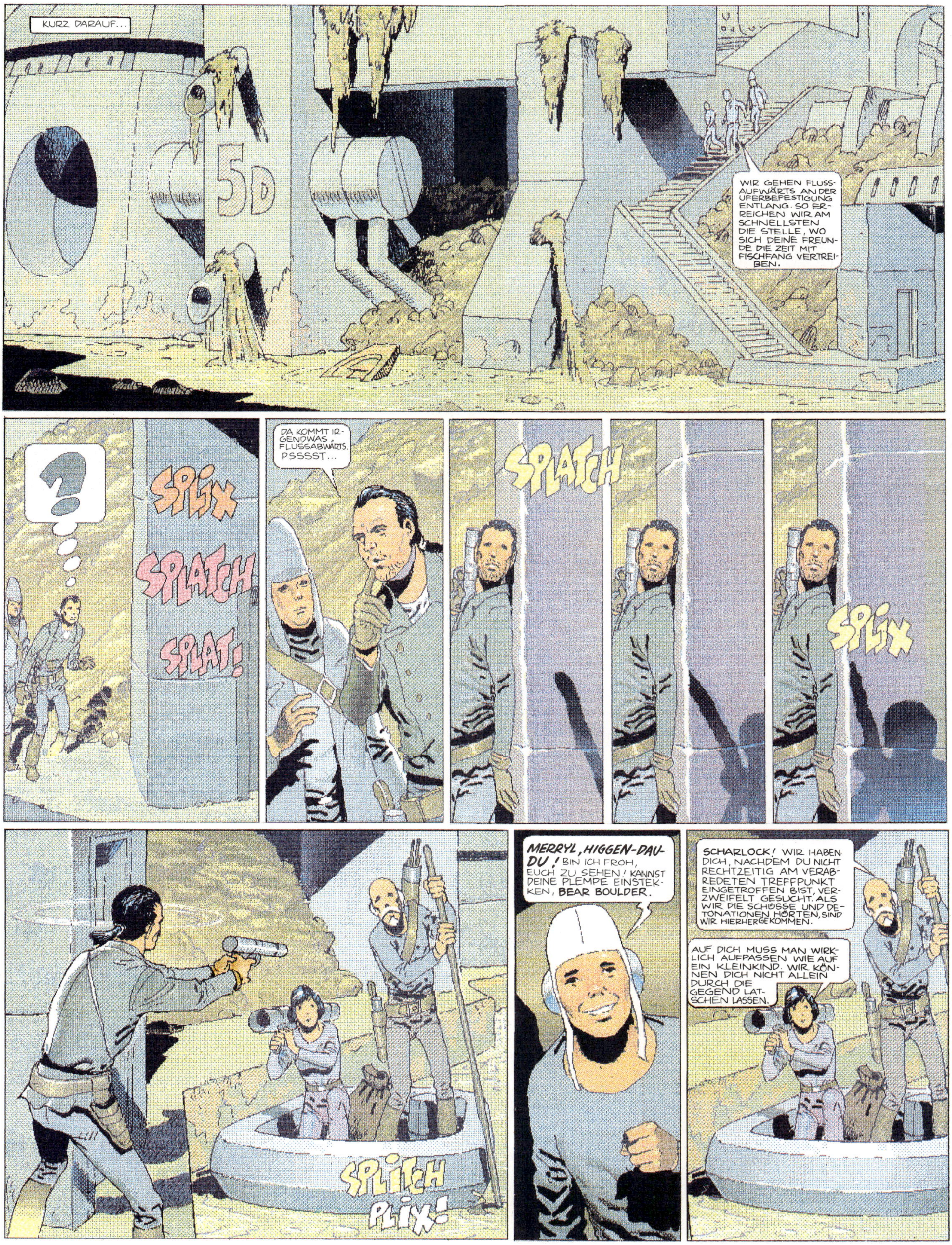
KURZ DARAUF...
WIR GEHEN FLUSSAUFWÄRTS AN DER UFERBEFESTIGUNG ENTLANG. SO ERREICHEN WIR AM SCHNELLSTEN DIE STELLE, WO SICH DEINE FREUNDE DIE ZEIT MIT FISCHFANG VERTREIBEN.
?
SPLIX
SPLATCH
SPLAT!
DA KOMMT IRGENDWAS FLUSSABWÄRTS. PSSSST...
SPLATCH
SPLIX
SPLITCH
PLIX!
MERRYL, HIGGEN-DAU-DU! BIN ICH FROH, EUCH ZU SEHEN! KANNST DEINE PLEMPE EINSTEKKEN, BEAR BOULDER.
SCHARLOCK! WIR HABEN DICH, NACHDEM DU NICHT RECHTZEITIG AM VERABREDETEN TREFFPUNKT EINGETROFFEN BIST, VERZWEIFELT GESUCHT. ALS WIR DIE SCHÜSSE UND DETONATIONEN HÖRTEN, SIND WIR HIERHERGEKOMMEN.
AUF DICH MUSS MAN WIRKLICH AUFPASSEN WIE AUF EIN KLEINKIND. WIR KÖNNEN DICH NICHT ALLEIN DURCH DIE GEGEND LATSCHEN LASSEN.

KIM KIM NORRADS TAGEBUCH.
U.B.O., 24.8.2412

HABE HEUTE MORGEN AUF ANRATEN MEINES CHEFS DIE POLIZEI VON DEM GESTRIGEN ZWISCHENFALL INFORMIERT. DIE HABEN DAS ALLES NATÜRLICH RUNTERGESPIELT. EINER MEINTE SOGAR, ES WÄRE EINE BELEIDIGUNG, EINEN EHRBAREN PATROLMAN ZU BESCHULDIGEN, AUF OFFENER STRASSE WEHRLOSE PASSANTEN ANZUSCHIESSEN.

KIM KIM NORRADS TAGEBUCH.
U.B.O., 25.8.2412

DIE SACHE MIT DIESEM **SCHUSTERLEIN** LÄSST MIR KEINE RUHE. WIESO RÄCHEN DIE SICH ERST AM 2.SEPTEMBER AN IHM ? WELCHE BEDEUTUNG HAT DIESES DATUM ? ICH WERDE VERSUCHEN, ES HERAUSZUFINDEN.
ALLERDINGS SITZT MIR JETZT DOCH GANZ SCHÖN DIE ANGST IM NACKEN. LEIDER HABE ICH IN DIESER SACHE SCHON ZUVIEL STAUB AUFGEWIRBELT, ALS DASS ICH JETZT NOCH ZURÜCK KÖNNTE.
HEUTE VORMITTAG HAT SICH EIN FASSADENTEIL EINES GESCHÄFTSGEBÄUDES GELÖST UND BEIM HERABSTÜRZEN EINE FREIZEITPLATTFORM GETROFFEN. 16 TOTE. ES WAR EIN GRAUENHAFTER ANBLICK.
GEHE GLEICH MIT ELSA INS HERMES-STADION. DA WIRD IRGENDEINE BLÖDE REVUE AUFGEFÜHRT. MUSS LEIDER MIT. ELSA IST SONST SAUER.

KIM KIM NORRADS TAGEBUCH.
U.B.O. , 26.8.2412

WÄHREND ICH DIESE ZEILEN SCHREIBE , KANN ICH DAS ZITTERN MEINER HAND KAUM UNTERDRÜCKEN. NEBEN MIR LIEGT MEIN ALTER REVOLVER. ICH HABE HÖLLISCHE ANGST. IN DER REDAKTION HAT MICH EINE HEISERE STIMME GEWARNT. ICH SOLLTE HEUTE ABEND BESONDERS WACHSAM SEIN. ELSA HAT VERSUCHT, MICH ZU BERUHIGEN. ABER ES NÜTZT NICHTS.
ICH WERDE MIR JETZT NOCH EINEN SKINNY REINZIEHEN UND DANN BEIM LICHT EINER KERZE DER DINGE HARREN, DIE DA KOMMEN SOLLEN.
SCHLUSS FÜR HEUTE...

KIM KIM NORRADS TAGEBUCH.
U.B.O. , 27.8.2412

ICH BIN EIN POLIZISTENMÖRDER !
HABE UM MITTERNACHT IN EINER PANIKREAKTION EINEN PATROLMAN ERSCHOSSEN, DER GEWALTSAM UND BEWAFFNET IN UNSERE WOHNUNG EINGEDRUNGEN IST. DASS ES NOTWEHR WAR, WIRD UNS KEIN MENSCH GLAUBEN. WENN ICH MICH STELLE, WERDEN DIESE SCHWEINE MICH FERTIGMACHEN. ELSA HAT EINEN NERVENZUSAMMENBRUCH ERLITTEN. WAS SOLL ICH TUN ?
ICH BIN RATLOS.

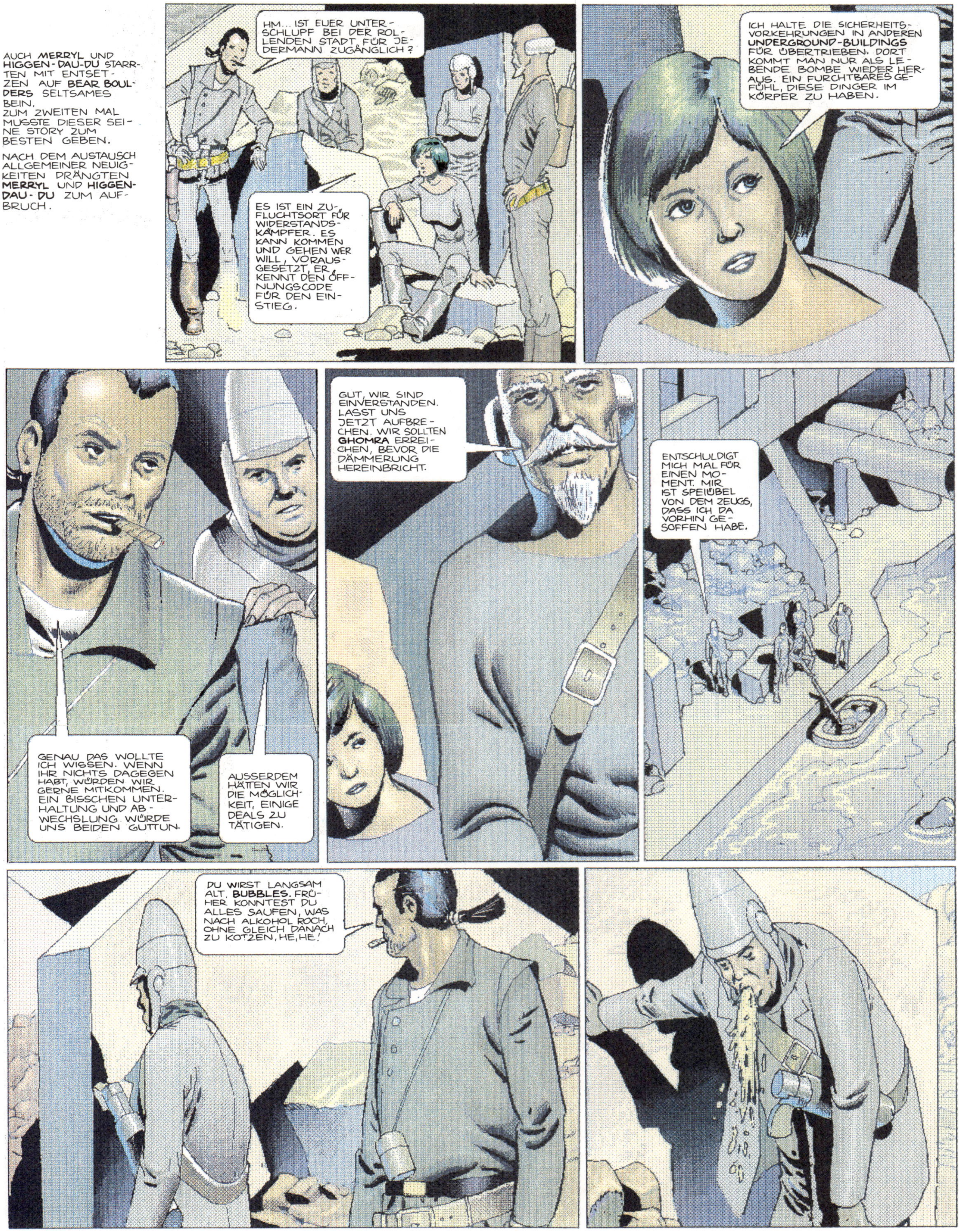
AUCH MERRYL UND HIGGEN-DAU-DU STARRTEN MIT ENTSETZEN AUF BEAR BOULDERS SELTSAMES BEIN. ZUM ZWEITEN MAL MUSSTE DIESER SEINE STORY ZUM BESTEN GEBEN.
NACH DEM AUSTAUSCH ALLGEMEINER NEUIGKEITEN DRÄNGTEN MERRYL UND HIGGEN-DAU-DU ZUM AUFBRUCH.
HM... IST EUER UNTERSCHLUPF BEI DER ROLLENDEN STADT FÜR JEDERMANN ZUGÄNGLICH?
ES IST EIN ZUFLUCHTSORT FÜR WIDERSTANDSKÄMPFER. ES KANN KOMMEN UND GEHEN WER WILL, VORAUSGESETZT, ER KENNT DEN ÖFFNUNGSCODE FÜR DEN EINSTIEG.
ICH HALTE DIE SICHERHEITSVORKEHRUNGEN IN ANDEREN UNDERGROUND-BUILDINGS FÜR ÜBERTRIEBEN. DORT KOMMT MAN NUR ALS LEBENDE BOMBE WIEDER HERAUS. EIN FURCHTBARES GEFÜHL, DIESE DINGER IM KÖRPER ZU HABEN.
GENAU DAS WOLLTE ICH WISSEN. WENN IHR NICHTS DAGEGEN HABT, WÜRDEN WIR GERNE MITKOMMEN. EIN BISSCHEN UNTERHALTUNG UND ABWECHSLUNG WÜRDE UNS BEIDEN GUTTUN.
AUSSERDEM HÄTTEN WIR DIE MÖGLICHKEIT, EINIGE DEALS ZU TÄTIGEN.
GUT, WIR SIND EINVERSTANDEN. LASST UNS JETZT AUFBRECHEN. WIR SOLLTEN GHOMRA ERREICHEN, BEVOR DIE DÄMMERUNG HEREINBRICHT.
ENTSCHULDIGT MICH MAL FÜR EINEN MOMENT. MIR IST SPEIÜBEL VON DEM ZEUGS, DASS ICH DA VORHIN GESOFFEN HABE.
DU WIRST LANGSAM ALT, BUBBLES. FRÜHER KONNTEST DU ALLES SAUFEN, WAS NACH ALKOHOL ROCH, OHNE GLEICH DANACH ZU KOTZEN, HE, HE.

CLIC CLIC
CLIC
?
FTOZ FTOZ
FTOZ!
2. ZEHNTELSEKUNDE...
3. ZEHNTELSEKUNDE...
4. ZEHNTELSEKUNDE...
5. ZEHNTELSEKUNDE...
6. ZEHNTELSEKUNDE...
7. ZEHNTELSEKUNDE...
8. ZEHNTELSEKUNDE...
BUBBLES?

BUBBLES!!!
BUBBLES! MEIN GOTT, DAS IST JA ....
DEINEM FREUND IST NICHT MEHR ZU HELFEN. GEH AUS DEM WEG. MIT DEINER MINI-PLEMPE KANNST DU GEGEN DIESES DING DOCH NICHTS AUSRICHTEN.
ZAT!
ZAT!
MERRYL! BLEIB IN DECKUNG! BIST DU DENN LEBENSMÜDE?
SCHNAUZE! ICH WEISS GENAU, WAS ICH TUE!
ZOT
ZOT
ZAT
FTOZ!
B-BLAM!
BUBBLES.. ..SNIEF.. MEIN GUTER ALTER BUBBLES.
MEIN WALK-WATCHER... ER MUSS DEFEKT SEIN!
ER HÄTTE DIESES MÖRDERISCHE DING SONST LÄNGST GEORTET. ICH WERD DEN WALKI MAL EBEN UNTERSUCHEN.
ICH WERD IHN BEGRABEN. ICH LASS SEINE STERBLICHEN RESTE NICHT SO RUMLIEGEN!
!
DAS WIRST DU WOHL MÜSSEN. SIEH MAL NACH LINKS.
EIN NIEDLICHER KLEINER KINGOO HAT UNS ALS SEINE FETTE BEUTE ERSPÄHT. DER TANZ GEHT GLEICH LOS!
BLUNK
BLUNK
HEUTE IST WIRKLICH EIN SCHEISS-TAG. SOVIEL PECH AUF EINMAL KANN MAN DOCH GAR NICHT HABEN.

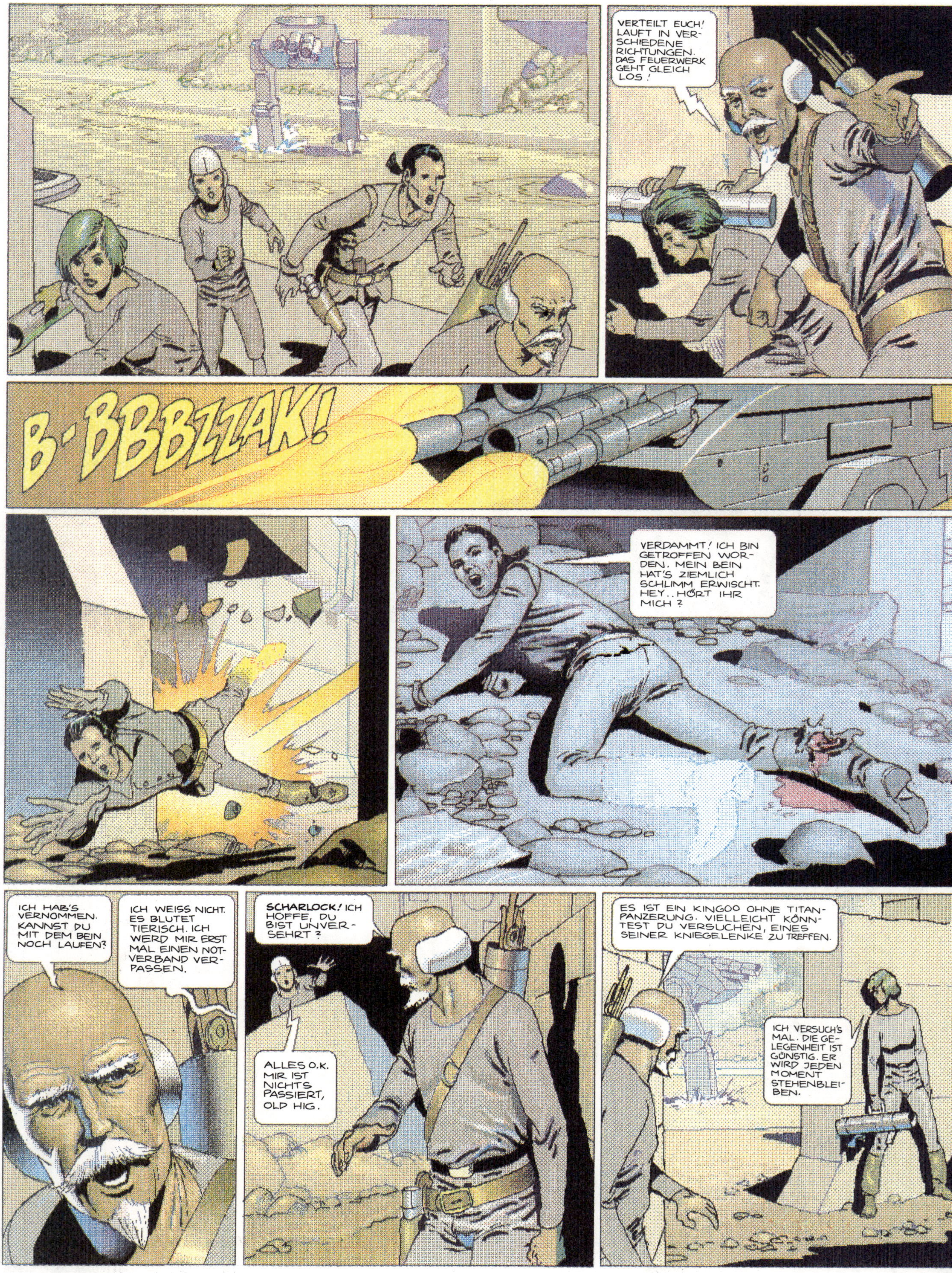

VERTEILT EUCH! LAUFT IN VERSCHIEDENE RICHTUNGEN. DAS FEUERWERK GEHT GLEICH LOS!
B-BBBZZAK!
VERDAMMT! ICH BIN GETROFFEN WORDEN. MEIN BEIN HAT'S ZIEMLICH SCHLIMM ERWISCHT. HEY.. HÖRT IHR MICH?
ICH HAB'S VERNOMMEN. KANNST DU MIT DEM BEIN NOCH LAUFEN?
ICH WEISS NICHT. ES BLUTET TIERISCH. ICH WERD MIR ERST MAL EINEN NOTVERBAND VERPASSEN.
SCHARLOCK! ICH HOFFE, DU BIST UNVERSEHRT?
ALLES O.K. MIR IST NICHTS PASSIERT, OLD HIG.
ES IST EIN KINGOO OHNE TITANPANZERUNG. VIELLEICHT KÖNNTEST DU VERSUCHEN, EINES SEINER KNIEGELENKE ZU TREFFEN.
ICH VERSUCH'S MAL. DIE GELEGENHEIT IST GÜNSTIG. ER WIRD JEDEN MOMENT STEHENBLEIBEN.

BLAM!
CRIC
SCLOC
DAS DACHTE ICH MIR! ER LÄSST SICH NICHT UNGESTRAFT ANS BEIN PINKELN. HOFFENTLICH WAR'S EIN TREFFER.
ICH WERD MAL GANZ VORSICHTIG EINEN BLICK UM DIE ECKE RISKIEREN.
DER SCHUSS SASS! SIEHST DU, WIE ER HIN- UND HERSCHWANKT? ER MACHT VERZWEIFELTE VERSUCHE, WEITERZUGEHEN...
SCRIC
SCRIC
...ABER ES GELINGT IHM NICHT, WEIL SEIN KNIEGELENK ANGEKNACKST IST.
DU BIST WUNDERBAR, **MERRYL**! JETZT NICHTS WIE WEG HIER. DIESER SCHEISS-**KINGOO** KANN UNS NICHT MEHR GEFÄHRLICH WERDEN.
ACH DU ELEND! DAS HAT UNS GERADE NOCH GEFEHLT!
EINE GANZE ARMEE VON **KINGOOS**! ICH SEHE KAUM NOCH EINE CHANCE, **GHOMRA** LEBEND ZU ERREICHEN.

ZUR GLEICHEN ZEIT, VIELE MEILEN ENTFERNT...
DA IST DAS HIMMELSAUGE! ÜBERMITTELT IHM SOFORT DIE DRAHTGITTERMODULATION, DIE WIR NACH DEN VIDEOAUFNAHMEN VON UNSEREM GEGNER GEMACHT HABEN.
IST BEREITS GESCHEHEN.
DA! DIE SENSOREN UNSERES **SKY-WATCHERS** HABEN IHN ENTDECKT!
ER BEWEGT WEDER ARME NOCH BEINE, RAST ABER DENNOCH MIT ENORMER GESCHWINDIGKEIT DURCHS WASSER.
OBJEKTMODULATION:
OBJEKT: MENSCH
WÄRMETASTER: NULL, NULL
TAUCHTIEFE: 28-4-4-98
GESCHWINDIGKEIT: 8-5-8
FLUCHTKOORDINATEN: 237-6
POSITIV 312 GRAD
KEINE UNTERSTÜTZUNG DURCH ANTRIEBAGGREGATE
OBJEKTMODULATION:
OBJEKT: ME
WÄRMETASTE
TAUCHTIEFE
GESCHWINDI
FLUCHTKOOR
POSITIV 31
KEINE UNTE
ANTRIEBAGGREGATE
OHNE ANTRIEBSAGGREGAT. ICH MÖCHTE ZU GERN WISSEN, WIE ER DAS MACHT.
ICH KANN NICHT EINSEHEN, WARUM ER NICHT AUFGIBT. ER HAT DOCH NICHT DIE KLEINSTE CHANCE, UNS ZU ENTKOMMEN.
OBJEKTMODULATION:
OBJEKT: MENSCH
WÄRMETASTER: NULL, NULL
TAUCHTIEFE: 28-4-4-98
GESCHWINDIGKEIT: 8-5-8
FLUCHTKOORDINATEN: 237-6
POSITIV 312 GRAD
KEINE UNTERSTÜTZUNG DURCH ANTRIEBAGGREGATE
JETZT WIRD'S INTERESSANT! UNSER **SKY-WATCHER** MELDET EIN WEITERES OBJEKT, AUF DAS SICH UNSER GEGNER ZUBEWEGT.
OBJEKTMODULATION:
OBJEKT: HIGH SPEED MOVER
AUSDEHNUNG: L23 H7 B15
BOOSTERAKTIVIERUNG: NEGATIV
TAUCHTIEFE:32-4-4
EIN **HIGH-SPEED-MOVER**! WIR KÖNNTEN IHN MIT T-94 BOMBEN SEHR LEICHT ZERSTÖREN.
DER MOVER LIEGT IN 28 METER WASSERTIEFE. SCHWER ZU TREFFEN. WIR WÜRDEN RISKIEREN, UNSER OPFER TÖDLICH ZU VERLETZEN.
IN JEDEM PLANQUADRAT SIND ABFANGJÄGER STATIONIERT. SOBALD ER MIT SEINEM **HIGH-SPEED-MOVER** AUFSTEIGT, WERDEN DIESE IHN PAUSENLOS VERFOLGEN.
UNSER GEGNER HAT DEN MOVER SOEBEN BETRETEN. DIE TRIEBWERKE SIND SEKUNDEN DAVOR GEZÜNDET WORDEN.
DANN HAT ER EINEN PILOTEN. WIR WERDEN GLEICH EINEN SCHÖNEN UNTERWASSERSTART ERLEBEN.

SEKUNDEN SPÄTER...
DIE STEIG-GESCHWINDIGKEIT IST ABER WIRKLICH GANZ ENORM!
SIE IST EINDEUTIG HÖHER ALS BEI UNSEREN ABFANGJÄGERN. DER ENTWISCHT UNS.
AN ALLE HIGH-SPEED-JÄGER: FANGT IHN SOFORT AB UND ZWINGT IHN ZUR LANDUNG!
VERSTANDEN!
DER IMPERATOR SOLLTE SEINEN MASCHINEN-PARK MAL ERNEUERN LASSEN. MIT DIESEN LAHMEN WANNEN KRIEGT ER UNS NIE! OOOOHHH... ...FUCKIN'..YEAH!
JA, JA... ICH WERDE IN EXAKT VIER SEKUNDEN DIE MITTEL-BOOSTER ZÜNDEN... ..FUCKIN'!
JETZT HÖR MIR MAL ZU, DU ELENDER KLUGSCHEISSER.
ICH FLIEGE DIESE KISTE JETZT SEIT FÜNF JAHREN. ICH MEINE, DU BRAUCHST MIR NICHT JEDESMAL ZU ERZÄHLEN, WAS ICH ZU TUN HABE...KLARO?

HABEN SICHTKONTAKT MIT FLUCHTOBJEKT.
PLIC PLIC PLIC
WIR VERLIEREN IHN! ER HAT IRGENDEIN ZUSATZAGGREGAT AKTIVIERT.
ER BESCHLEUNIGT... AUF ETWA 18 EINHEITEN ÜBER SCHALLGESCHWINDIGKEIT.
ER IST WEG! ER IST VON UNSEREN SCHIRMEN VERSCHWUNDEN!
WENN ER MIT DIESER GESCHWINDIGKEIT WEITERRAST, HAT ER IN WENIGEN SEKUNDEN DEN ÄUSSERSTEN BEREICH DER IRDISCHEN LUFTHÜLLE ERREICHT.
UNSERE ÜBERWACHUNGSEINHEITEN IM ORBITER WERDEN IHN NICHT REGISTRIEREN, DA ER PERMANENT UNSEREN EIGENEN ERKENNUNGSCODE AUSSENDET. UNSER GEGNER HAT NICHT DIE GERINGSTE MÜHE, IN UNSERE KOMPLEXEN SICHERHEITSSYSTEME EINZUDRINGEN.
ICH FASSE ES NICHT! DIESER BASTARD IST ENTKOMMEN. ER HAT MICH, DEN GROSSEN IMPERATOR, ZUM NARREN GEMACHT!
ABER WAS NOCH SCHLIMMER IST... ER HAT DEN **CONTROLLER** AUS DER DSCHUNGELSTATION.
ER WIRD UNSER KOMMUNIKATIONSSYSTEM BLOCKIEREN, WO ER NUR KANN. WIR WERDEN UNGEHEURE MATERIALVERLUSTE ERLEIDEN.
SMACK!
WIR HABEN SIE ABGESCHÜTTELT. OOOH YEAH!... ..FUCKIN'! ICH LASS DIE KISTE JETZT WIEDER FALLEN.
DAS HEISST, DASS WIR IN GENAU EINUNDVIERZIG SEKUNDEN DIE TIEFFLUGHÖHE 100 ERREICHEN.
EINUNDVIERZIG SEKUNDEN SPÄTER...
ES SIND NOCH GENAU 7585 MEILEN BIS ZU UNSEREM ZIEL: **UNDERGROUND-BUILDING ONE**.

GEHE ICH RICHTIG IN DER ANNAHME, DASS WIR ZUERST DEIN SCHWIMMENDES DOMIZIL ANSTEUERN UND DANN NACH U.B.O. FLIEGEN? ES IST WICHTIG, WEIL UNSERE TREIBSTOFFVORRÄTE ...
GUT, GUT... MEHR WOLLTE ICH NICHT WISSEN! YEEAAH, FUCKIN'.
SCHAU DIR DAS AN! DORT UNTEN BAHNT SICH EIN MASSAKER AN. DIE VIER TYPEN HABEN DOCH KEINE CHANCE.
ZU SCHADE, DASS WIR EUCH NICHT HELFEN KÖNNEN. MEIN HERR UND MEISTER IST IMMER SO SCHRECKLICH IN EILE... FUCKIN'.
ODER SOLLTE DER GROSSE KLUGSCHEISSER DOCH NOCH ZEIT HABEN FÜR EIN KLEINES INTERMEZZO?
OK... GANZ WIE DU MEINST. DANN WERDEN WIR DIESEN ARMEN TEUFELN ALSO BEISTAND GEWÄHREN.
WIR HABEN JA DIESE WUNDERSCHÖNEN T-90 LENKRAKETEN AN BORD.
DAMIT WERDEN WIR DIESEN SCHROTT IN NULL KOMMA NIX EINFACH WEGPUSTEN.
ADIEU, MEINE KLEINEN FREUNDE. SUCHT EUCH EURE ZIELE.
B-BLAM!
WIR BEKOMMEN HILFE. DIE MACHEN GERASPELTES AUS DIESEN SCHEISS-KINGOOS!

DIE KINGOOS SIND JETZT EIN SCHÖNER HAUFEN EINZELTEILE. ICH MEINE, WIR SOLLTEN KURZ MAL LANDEN UND NACHSEHEN, OB JEMAND VON DEN TYPEN VERLETZT WURDE. WAS SAGT MR. ALLWISSEND DENN DAZU?
ICH WUSSTE, DASS DU ZUSTIMMEN WÜRDEST.
SANFT LANDETE DER HIGH-SPEED MOVER AM FLUSSUFER.
WÄHREND DER SELTSAM MASKIERTE IM COCKPIT DER MASCHINE BLIEB, STELLTE SICH DER ANDERE ALS FRANK LUNDQVIST VOR.
NACHDEM ER ZUNÄCHST MIT VERBLÜFFUNG BEAR BOULDERS LINKES SUPERBEIN MUSTERTE, BESAH ER SICH FACHMÄNNISCH DESSEN ZIEMLICH SCHWERE VERLETZUNG. DANN WIEGTE ER BEDENKLICH DEN KOPF.
DAS SIEHT SCHLIMM AUS...
GEHT DAS AUCH ETWAS GENAUER?
DROHENDER WUNDBRAND! DAS BEIN MUSS UMGEHEND ÄRZTLICH VERSORGT WERDEN UND ZWAR STATIONÄR.
ICH FLIEGE WEITER NACH U.B.O.!
ICH MUSS MEINEN ALTEN FREUND KIM KIM NORRAD BESUCHEN UND SEINER ELEKTRONISCHEN ZEITUNG EINE NACHRICHT ÜBERBRINGEN. SIE KÖNNTEN MITKOMMEN UND SICH IN U.B.O. VERARZTEN LASSEN.
NIEMALS! U.B.O. IST EINE GESCHLOSSENE STADT. ICH MÖCHTE NICHT FÜR DEN REST MEINES LEBENS ALS BOMBE HERUMLAUFEN.
DER PREIS IST MIR ZU HOCH. ICH BIN FÜR DAS STADTLEBEN NICHT GEEIGNET. WAR MEIN GANZES LEBEN LANG EIN FREE LANCER.
KEINE SORGE. ICH WERDE SIE NACH U.B.O. HINEINBRINGEN UND AUCH WIEDER HERAUSBRINGEN. ES GIBT EINE METHODE, AUCH OHNE BOMBE IN DER BLUTBAHN WIEDER HERAUSZUKOMMEN. ABER DAS GEHT NUR MIT MEINER HILFE.
TJA... WENN DAS SO IST, DANN KOMMEN WIR ALLE MIT. SCHARLOCK UND ICH BRAUCHEN EINE GANZE MENGE SPEZIALTEILE FÜR UNSER GANZ PRIVATES WAFFENARSENAL. SCHÄTZE, WIR WERDEN DAS ZEUGS IN U.B.O. FINDEN.
FRANK LUNDQVIST HAT NICHTS DAGEGEN EINZUWENDEN. KURZ DARAUF HEBT DER MOVER MIT DEN NEUANKÖMMLINGEN AB. MISSTRAUISCH BEÄUGEN DIE VIER DEN MASKIERTEN TYP, DER HINGEBUNGSVOLL AN EINER KOMPLIZIERTEN APPARATUR HERUMFUMMELT UND SICH FÜR DIE GÄSTE NICHT IM MINDESTEN ZU INTERESSIEREN SCHEINT.
WER IST DAS?
DAS IST VOLT HEAD! DER NAME WIRD EUCH WENIG SAGEN. ABER IHR SOLLT WISSEN, DASS ER DIE LETZTE HOFFNUNG DER MENSCHHEIT IST, VON DIESEM MÖRDERISCHEN REGIME BEFREIT ZU WERDEN. ER IST DER EINZIGE, DER ES MIT DEM ROBOT-IMPERATOR AUFNEHMEN KANN.
DIESER VOLT HEAD, DER EINE ABENTEUERLICHE VERGANGENHEIT HAT, IST GEGENSTAND DER BOTSCHAFT, DIE ICH DER REDAKTION EINER DIGITALEN ZEITUNG IN U.B.O. ÜBERBRINGEN WERDE.
DIE IM UNTERGRUND LEBENDEN MENSCHEN WERDEN HEUTE NOCH ERFAHREN, DASS SIE EINEN MÄCHTIGEN VERBÜNDETEN IM KAMPF GEGEN DIE KILLERMASCHINEN DES IMPERIUMS GEFUNDEN HABEN.
AUSSERDEM LIEFERN WIR IHNEN DAS ERSTE ABBILD DES IMPERATORS. ES IST IN EINEM CONTROLLER GESPEICHERT, DEN WIR GERADE IN EINER HALSBRECHERISCHEN AKTION GEKLAUT HABEN.

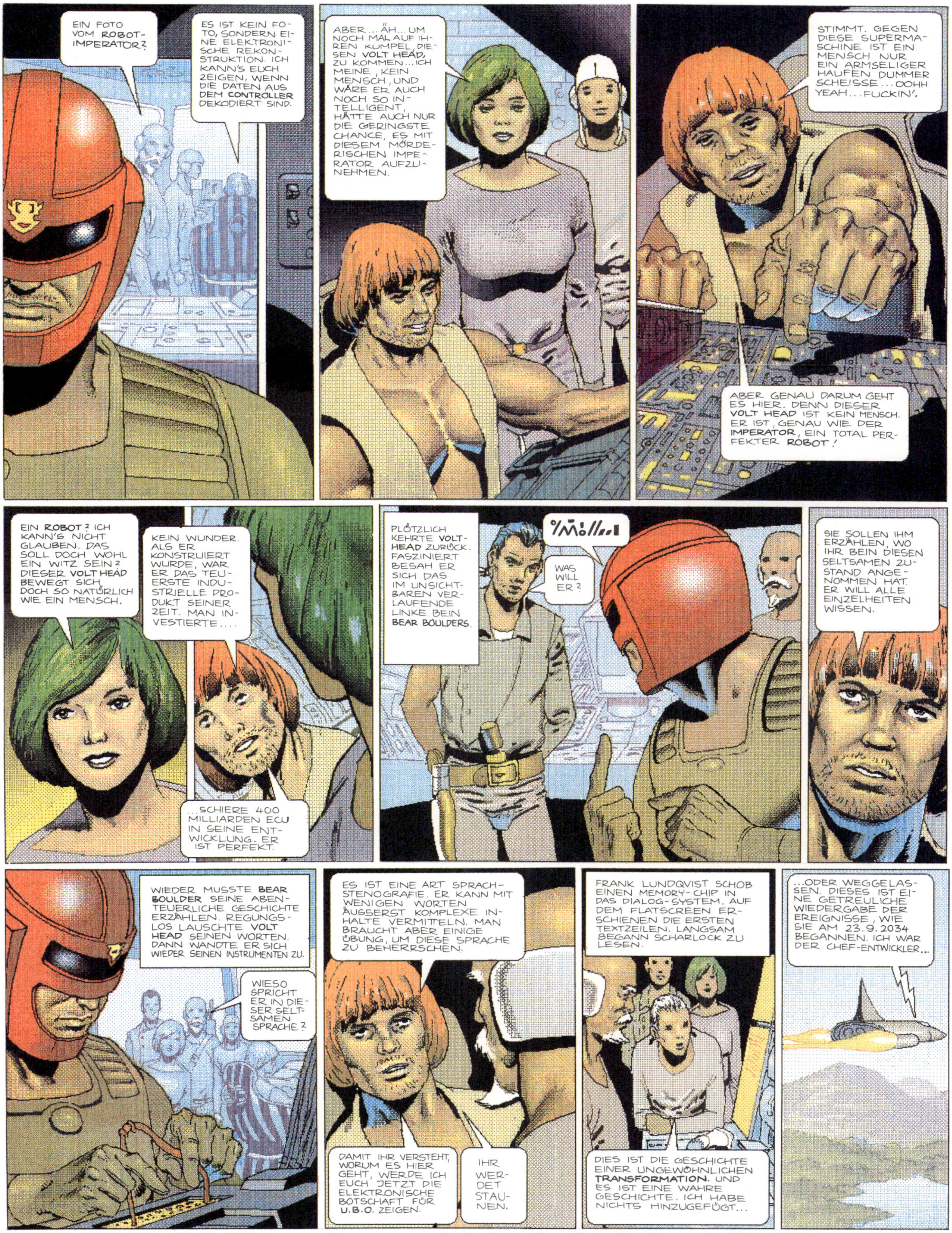
EIN FOTO VOM ROBOT-IMPERATOR?
ES IST KEIN FOTO, SONDERN EINE ELEKTRONISCHE REKONSTRUKTION. ICH KANN'S EUCH ZEIGEN, WENN DIE DATEN AUS DEM CONTROLLER DEKODIERT SIND.
ABER ... ÄH ... UM NOCH MAL AUF IHREN KUMPEL, DIESEN VOLT HEAD, ZU KOMMEN ... ICH MEINE, KEIN MENSCH, UND WÄRE ER AUCH NOCH SO INTELLIGENT, HÄTTE AUCH NUR DIE GERINGSTE CHANCE, ES MIT DIESEM MÖRDERISCHEN IMPERATOR AUFZUNEHMEN.
STIMMT. GEGEN DIESE SUPERMASCHINE IST EIN MENSCH NUR EIN ARMSELIGER HAUFEN DUMMER SCHEISSE ... OOHH YEAH ... FUCKIN'.
ABER GENAU DARUM GEHT ES HIER. DENN DIESER VOLT HEAD IST KEIN MENSCH. ER IST, GENAU WIE DER IMPERATOR, EIN TOTAL PERFEKTER ROBOT!
EIN ROBOT? ICH KANN'S NICHT GLAUBEN. DAS SOLL DOCH WOHL EIN WITZ SEIN? DIESER VOLT HEAD BEWEGT SICH DOCH SO NATÜRLICH WIE EIN MENSCH.
KEIN WUNDER. ALS ER KONSTRUIERT WURDE, WAR ER DAS TEUERSTE INDUSTRIELLE PRODUKT SEINER ZEIT. MAN INVESTIERTE ....
... SCHIERE 400 MILLIARDEN ECU IN SEINE ENTWICKLUNG. ER IST PERFEKT.
PLÖTZLICH KEHRTE VOLT-HEAD ZURÜCK. FASZINIERT BESAH ER SICH DAS IM UNSICHTBAREN VERLAUFENDE LINKE BEIN BEAR BOULDERS.
WAS WILL ER?
SIE SOLLEN IHM ERZÄHLEN, WO IHR BEIN DIESEN SELTSAMEN ZUSTAND ANGENOMMEN HAT. ER WILL ALLE EINZELHEITEN WISSEN.
WIEDER MUSSTE BEAR BOULDER SEINE ABENTEUERLICHE GESCHICHTE ERZÄHLEN. REGUNGSLOS LAUSCHTE VOLT HEAD SEINEN WORTEN. DANN WANDTE ER SICH WIEDER SEINEN INSTRUMENTEN ZU.
WIESO SPRICHT ER IN DIESER SELTSAMEN SPRACHE?
ES IST EINE ART SPRACHSTENOGRAFIE. ER KANN MIT WENIGEN WORTEN ÄUSSERST KOMPLEXE INHALTE VERMITTELN. MAN BRAUCHT ABER EINIGE ÜBUNG, UM DIESE SPRACHE ZU BEHERRSCHEN.
DAMIT IHR VERSTEHT, WORUM ES HIER GEHT, WERDE ICH EUCH JETZT DIE ELEKTRONISCHE BOTSCHAFT FÜR U.B.O. ZEIGEN.
IHR WERDET STAUNEN.
FRANK LUNDQVIST SCHOB EINEN MEMORY-CHIP IN DAS DIALOG-SYSTEM. AUF DEM FLATSCREEN ERSCHIENEN DIE ERSTEN TEXTZEILEN. LANGSAM BEGANN SCHARLOCK ZU LESEN.
DIES IST DIE GESCHICHTE EINER UNGEWÖHNLICHEN TRANSFORMATION. UND ES IST EINE WAHRE GESCHICHTE. ICH HABE NICHTS HINZUGEFÜGT ...
... ODER WEGGELASSEN. DIESES IST EINE GETREULICHE WIEDERGABE DER EREIGNISSE, WIE SIE AM 23.9.2034 BEGANNEN. ICH WAR DER CHEF-ENTWICKLER ...

"ROBCON" STAND FÜR "ROBOT CONSCIOUSNESS", WAS MAN ÜBERSETZEN KÖNNTE MIT "BEWUSSTSEIN FÜR ROBOTS". ANDERS AUSGEDRÜCKT: EIN ROBOT SOLLTE IN DIE LAGE VERSETZT WERDEN, ZU ERKENNEN, DASS ER EXISTIERT. ER SOLLTE BEFÄHIGT WERDEN, EINE PERSÖNLICHKEIT ZU ENTWICKELN, EIGENE KREATIVITÄT ZU ZEIGEN.

IN UNSEREN ENTWICKLUNGSLABORS ENTSTANDEN IMMER NEUE "PROTOTYPEN", DIE SICH DANN BEI NÄHERER BETRACHTUNG ALS FLOPS HERAUSSTELLTEN.

DAS ZURÜCKLIEGENDE GESCHÄFTSJAHR HATTE DEM UNTERNEHMEN ZUM ERSTEN MAL IN SEINER GESCHICHTE ENORME UMSATZVERLUSTE BESCHERT. DIE LETZTE **"PERFECT MAN"**-SERIE WAR WIDER ERWARTEN SEHR SCHLECHT GELAUFEN. ICH WEISS NICHT, WORAN ES LAG. VIELLEICHT WAR DAS DESIGN DIESER TYPEN ZU SCHLECHT. ICH FAND JEDENFALLS, DASS SIE BESCHISSEN AUSSAHEN. KURZUM, UNSER UNTERNEHMEN BRAUCHTE MAL WIEDER EINEN ECHTEN FETZER, ETWAS ABSOLUT NEUES, UM DIE FÜHRENDE POSITION AUF DEM ROBOTMARKT NICHT ZU VERLIEREN.

MAC FARLANE, EINER MEINER BEGABTESTEN MITARBEITER UND EIN BESESSENER TÜFTLER, HATTE VOR EINIGER ZEIT EIN SELTSAMES GERÄT ZUSAMMENGESCHRAUBT. ER NANNTE ES **"BRAINLOOKER"**. DAS DING WAR EIGENTLICH EINE KLEINE SENSATION, DENN MAN KONNTE DAMIT (ALLERDINGS NUR MIT ÄUSSERSTER KONZENTRATION UND ENORMER WILLENSANSTRENGUNG) GEDACHTE WÖRTER AUF EINEM MONITOR SICHTBAR MACHEN. LEIDER WAR DIE HANDHABUNG SEHR UMSTÄNDLICH. DER BETREIBER MUSSTE SICH IN EINER STUNDENLANGEN PROZEDUR SENSOREN AN DIE HIRNSCHALE ANSCHLIESSEN LASSEN UND SICH FÜR DIE EIGENTLICHE WORTÜBERTRAGUNG IN EINEN ABSOLUT ABGESCHIRMTEN RAUM BEGEBEN. UNSER OBERSTER BOSS HATTE SICH DAS GANZE MIT GEMISCHTEN GEFÜHLEN ANGESEHEN UND ES DANN AUF PRIORITÄTSSTUFE 6 GELEGT. DAS WAR DIE LETZTE STUFE VOR DEM GROSSEN MÜLLEIMER.

DIESES SKURRILE DING GING MIR NICHT MEHR AUS DEM SINN, WÄHREND IMMER NEUE MISSERFOLGE BEI DER ERSCHAFFUNG KÜNSTLICHEN BEWUSSTSEINS ZU VERZEICHNEN WAREN. ICH SETZTE MICH MIT **MAC FARLANE** ZUSAMMEN UND FING AN, DEN **"BRAINLOOKER"** ZU VERBESSERN. WIR NUTZTEN DAZU JEDE FREIE MINUTE, DENN OFFIZIELL HATTE MAN DAS DING JA ZU DEN AKTEN GELEGT. ALS ICH SAH, DASS UNSERE BEMÜHUNGEN ERFOLGE ZEITIGTEN, BEGANN ICH **MAC FARLANE** ZU ERZÄHLEN, WAS ICH MIT DIESEM GERÄT VORHATTE. ER DACHTE NATÜRLICH AN DIE UNMITTELBARE KOMMERZIELLE NUTZUNG DIESES GERÄTES; DASS MAN TEXTE ALLER ART EINFACH MIT DEM KOPF DIKTIERT. EINE KOMMUNIKATION OHNE DAS GESPROCHENE WORT WÄRE MÖGLICH, SCHRIFTSTELLER WÜRDEN IHRE WERKE UNMITTELBAR AUF DEN MONITOR BRINGEN. ES WÜRDE GANZ SICHER EIN GESCHÄFTLICHER SUPERERFOLG WERDEN. ABER UNSER NAME STAND FÜR DIE PRODUKTION VON SUPERROBOTS. DAS HATTE VORRANG.

MEINE IDEE WAR DIESE: WENN MAN DIE MÖGLICHKEIT HÄTTE, DAS GESAMTE GESPEICHERTE POTENTIAL EINES MENSCHLICHEN GEHIRNS IN EINEN SUPERRECHNER ZU TRANSFERIEREN, WÄRE DIESES DIE EINFACHSTE METHODE, EINEM ROBOT PERSÖNLICHKEIT UND BEWUSSTSEIN ZU VERSCHAFFEN.

ALS **MAC FARLANE** MEINEN PLAN ERFUHR, STIESS ER EIN BRÜLLENDES GELÄCHTER AUS. ER HIELT DAS GANZE FÜR EINEN WITZ. MIT DER ZEIT JEDOCH BEGANN ER, GEFALLEN AN MEINER IDEE ZU FINDEN. DER **BRAINLOOKER** WURDE IMMER WEITER PERFEKTIONIERT. SCHLIESSLICH HATTEN WIR ES NACH WEITEREN VIER JAHREN GESCHAFFT, ALLE GEHIRNAKTIVITÄTEN SICHTBAR ZU MACHEN. WIR ENTDECKTEN DABEI, DASS DER DATENFLUSS DES MENSCHLICHEN GEHIRNS VON EINER KAUM VORSTELLBAREN KOMPLEXITÄT IST. SCHON DIE KLEINSTE AKTIVITÄT LÖST EINEN DATENSTROM VON MEHREREN MILLIONEN SCHLÜSSELCODES AUS. PARALLEL ZU UNSEREN BEMÜHUNGEN ENTWICKELTEN DIE ANDEREN ABTEILUNGEN EINEN SUPERTRANSPUTER MIT EINER MILLION GLEICHGESCHALTETEN ZENTRALEN PROZESSEINHEITEN (**CPU**'S).

BEI DEN ERSTEN ÜBERTRAGUNGEN VERWENDETEN WIR KLEINE, ABGESPEICHERTE UND AUFBEREITETE BRAINSTORMINGS. ANHAND AUSGEKLÜGELTER ABFRAGEN TESTETEN WIR, OB DAS TRANSFERIERTE WISSEN LOGISCHE OPERATIONEN STEUERN KONNTE. ES WAR EIN MÜHSELIGES PUZZLESPIEL, UND WIR KAMEN NUR MILLIMETERWEISE VORAN. AM WEIHNACHTSABEND 2029 WURDE DANN DER ERSTE SICHTBARE ERFOLG GEFEIERT: EINE KÜNSTLICHE HAND BAUTE EIN KARTENHÄUSCHEN, WOBEI DER STEUERNDE RECHNER DIE VON DEN ZUSCHAUERN EINGESTREUTEN BEMERKUNGEN LAUNIG KOMMENTIERTE. ER SCHÖPFTE DABEI BEREITS AUS EINEM EIGENEN ERFAHRUNGSFUNDUS.

FÜNF JAHRE SPÄTER KAM ES DANN ZU EINER TRAGÖDIE, MIT DER NIEMAND GERECHNET HATTE. WIR STANDEN MIT UNSEREN ARBEITEN KURZ VOR DEM LANG ERSEHNTEN DURCHBRUCH. AM ABEND DES 23.9.2034 SASS ICH IN EUPHORISIERTER STIMMUNG ALLEIN IN UNSEREM TESTLABOR. ICH HATTE ETWAS GETRUNKEN UND BESAH MIR VIDEOAUFZEICHNUNGEN VON DEN LETZTEN PROBELÄUFEN UNSERES NEUESTEN SUPERROBOTS, EINE 400 MILLIARDEN ECU TEURE MASCHINE. AM NÄCHSTEN TAG SOLLTE EIN ENDGÜLTIGER TRANSFER DES GEISTIGEN POTENTIALS EINER AUSGESUCHTEN PERSÖNLICHKEIT STATTFINDEN.
AN DIESEM ABEND TOBTE DRAUSSEN EIN SCHWERES UNWETTER MIT PAUSENLOSEM DONNERGROLLEN. ES MAG DER ALKOHOL GEWESEN SEIN, DASS MICH PLÖTZLICH DER TEUFEL RITT. ICH BEGAB MICH IN DEN **TRANSFERRAUM** UND LEGTE DAS METALLBAND DES ABTASTERS UM MEINEN KOPF. VOR MIR STANDEN **ZWEI** PROTOTYPEN DER SUPERROBOTS **"CROWN OF GENESIS"**, STARR UND OHNE LEBEN. EINER VON IHNEN SOLLTE LEBEN !...MIT **MEINEM** BEWUSSTSEIN !

DER **TRANSFER** MEINES GEISTES AUF DAS "GEHIRN" DES ROBOTS DAUERTE NUR SEKUNDEN. MIT EINEM SCHALTERDRUCK AKTIVIERTE ICH DEN KUNSTMENSCHEN. ER BEWEGTE SICH GANZ NATÜRLICH, SO WIE ICH ES UNZÄHLIGE MALE IN DEN TESTPHASEN GESEHEN HATTE. ICH UNTERHIELT MICH MIT IHM, ODER BESSER GESAGT, MIT **MIR.** DENN DAS, WAS DA VOR MIR STAND, WAR JA **ICH SELBST**, NUR IN ANDERER AUFMACHUNG.

NACHDEM ICH ETWA EINE STUNDE MIT DIESEM WUNDERDING GEPLAUDERT HATTE, MERKTE ICH, DASS IRGEND ETWAS SCHIEFGELAUFEN WAR. MEIN GEGENÜBER WAR ANMASSEND UND ÜBERHEBLICH. ER HATTE, GANZ IM GEGENSATZ ZU MIR, EINE BEFREMDEND **HERRISCHE** ART. JE LÄNGER ICH MICH MIT IHM UNTERHIELT, UM SO AUSFALLENDER WURDE ER.
ER BESASS AUSSCHLIESSLICH DIE NEGATIVEN SEITEN MEINES CHARAKTERS !
ICH KÜMMERTE MICH NICHT WEITER UM IHN. AUS SICHERHEITSGRÜNDEN HATTEN SEINE SPACE-AKKUS NUR FÜR EINE BEGRENZTE ZEIT ENERGIE UND WAREN VON IHM SELBST NICHT NACHLADBAR. ER WÜRDE NACH EINIGEN STUNDEN ZUM STILLSTAND KOMMEN. MEIN FEHLER WAR, DASS ICH SEINE UNGEHEURE KRIMINELLE ENERGIE NICHT RECHTZEITIG BEMERKTE.
ICH WANDTE MICH WIEDER DER TRANSFERANLAGE ZU UND SUCHTE NACH DEM FEHLER. DER **MODULCHECKER** BRAUCHTE NUR 14 SEKUNDEN, UM DAS PROBLEM ZU LÖSEN. EIN BACKRAM WAR AUSGEFALLEN UND HATTE ANSCHEINEND DIE PERSÖNLICHKEITSVERÄNDERUNG BEWIRKT. DA DER ERSTE PROTOTYP NOCH AKTIV WAR UND UNRUHIG IM KONTROLLRAUM HERUMLIEF, NAHM ICH EINEN ERNEUTEN PROBELAUF AM ZWEITEN ROBOT VOR.

MIT DIESEM TRANSFER BEGANN DIE KATASTROPHE...

SEKUNDENBRUCHTEILE NACH DER ÜBERTRAGUNG MEINES ICHS AUF DAS ROBOTERHIRN FUHR DER **BLITZ** IN IN DIE LEITUNGEN DES GEBÄUDES. MIT MEINEN KÜNSTLICHEN AUGEN SAH ICH DEN KÖRPER **HINKELL-THORNS** IN SEINEM SITZ ZUSAMMENBRECHEN. SEIN BLICK WAR MERKWÜRDIG LEER. MIT AUFGERISSENEM MUND STIERTE ER BLÖDE VOR SICH HIN. SEINE ARME BEWEGTEN SICH, SINNLOS SCHLENKERND, HIN UND HER. VON SEINEN LIPPEN KAMEN UNVERSTÄNDLICHE LALLGERÄUSCHE. ICH KONNTE NICHTS TUN, DENN DER REST MEINES KÖRPERS WAR NOCH NICHT AKTIVIERT. SO STAND ICH, MIT WACHEN SINNEN, BEWEGUNGSUNFÄHIG IN MEINEM WORKTOWER UND SAH, WIE MEIN NEGATIVES GEGENSTÜCK ZWEI MECHANIK-ROBOTS BEMÜHTE, SEINEN AKKU GEGEN EINE LANGZEITZELLE AUSZUWECHSELN. DANACH VERSCHWAND ER.
AM NÄCHSTEN TAG KAMEN DIE MITARBEITER MEINES STABES UND WAREN IN HELLER AUFREGUNG. SIE SCHLEPPTEN DEN APATHISCH VOR SICH HINSTIERENDEN **HINKELL-THORN** AUS DEM RAUM UND BRACHTEN MICH INS ANALYSEZENTRUM. SIE WUSSTEN OFFENBAR NICHT, WELCHEN ZUSTAND ICH INZWISCHEN ANGENOMMEN HATTE, DENN SONST HÄTTEN SIE MEINEN KÖRPER AKTIVIERT. ICH HÄTTE IHNEN ALLES ERZÄHLEN KÖNNEN. SO LAG ICH EINE WEILE UNBEACHTET AUF DER ANALYSESTATION. UNBEWUSST GAB ICH MIR EINEN NEUEN NAMEN: **VOLT-HEAD.** SO HATTEN WIR EINIGE ROBOTS SCHERZHAFT GENANNT.
DIE ENERGIE MEINER KURZZEITAKKUS NEIGTE SICH DEM ENDE ZU. DIE GEISTIGE **KOPIE** HINKELL-THORNS WÄRE GESTORBEN, HÄTTE MAN MIR NICHT IM LETZTEN MOMENT DOCH NOCH EINE LANGZEITZELLE VERPASST. ICH WURDE IN DIE PREPARE-ABTEILUNG GESTECKT. OFFENBAR HATTE MAN NACH DIESEM ZWISCHENFALL DAS PROJEKT GESTOPPT UND WOLLTE MICH FÜR EINE SPÄTERE UNTERSUCHUNG KONSERVIEREN.

ABER ES KAM ZU KEINER UNTERSUCHUNG.

WÄHREND MEINE ZEITLOGIK DIE WOCHEN UND MONATE REGISTRIERTE, DRANG DER LÄRM GEWALTIGER DETONATIONEN AN MEINE KUNSTOHREN. DRAUSSEN SCHIEN EIN KRIEG ZU TOBEN. NIEMAND NAHM VON MIR NOTIZ. DER RAUM, IN DEM ICH LAG, WAR IN BLEIERNE STILLE GETAUCHT. ICH WAR ALLEIN. DIE JAHRE VERGINGEN. MEIN KÜNSTLICHES GEHIRN WAR PAUSENLOS AKTIV. ES BRAUCHTE KEINEN SCHLAF.
ALS MEIN CHRONOMETER DAS JAHR 2398 ANZEIGTE, WURDE ICH **AUS** MEINEM STARREN ZUSTAND ERLÖST. EIN PAAR ROBOTS DRANGEN IN DAS LABOR EIN UND UNTERSUCHTEN MICH. IHRE TASTENDEN HÄNDE BERÜHRTEN DEN AKTIVATOR FÜR MEINEN KÖRPER. SIE KÜMMERTEN SICH NICHT WEITER UM MICH, DENN SIE HIELTEN MICH WOHL FÜR EINEN DER IHREN.
DANN SAH ICH MIT FASSUNGSLOSEM ENTSETZEN UND GRAUEN, DASS MEIN NEGATIVES PENDANT EIN MÖRDERISCHES IMPERIUM ERRICHTET HATTE.
TOD DEM IMPERATOR !